ET DONEM UNA HAPPY BENVINGUDA!

En primer lloc, mil gràcies per confiar en la nostra petita editorial. Ens encanta poder contribuir a l'aprenentatge de nens i nenes a través del joc i l'exploració.

El nostre objectiu és acompanyar-los en cada pas del seu viatge cap al coneixement amb eines valuoses i divertides que els ajudin a créixer.

Per això, **ens encantaria llegir les teves impressions sobre aquest llibre** a Amazon. Només serà un minut, però els teus comentaris ens permetran continuar aprenent, millorant... i arribar a més famílies!

Per a deixar la teva ressenya:

Només has d'entrar a Amazon.es
i buscar aquest llibre.

CONTINGUTS DEL QUADERN

1. SUMES DEL 0 AL 5
2. SUMES DEL 0 AL 10
3. SUMES DEL 0 AL 20
4. SUMES "?" DEL 0 AL 20
5. RESTES DEL 0 AL 5
6. RESTES DEL 0 AL 10
7. RESTES DEL 0 AL 20
8. RESTES "?" DEL 0 AL 20
9. SUMES I RESTES DEL 0 AL 20

CAPÍTOL 1: SUMES DEL 0 AL 5

La suma és una operació matemàtica que es fa servir per a ajuntar o combinar dos o més números per a obtenir un número total. Quan sumes, estàs agregant quantitats juntes. Per exemple, si sumes 2 i 3, obtens 5, perquè has ajuntat aquests dos números.

En aquest capítol trobaràs exercicis de sumes del 0 al 5, per tant el resultat menor possible és 0 (0+0) i el major és 10 (5+5).

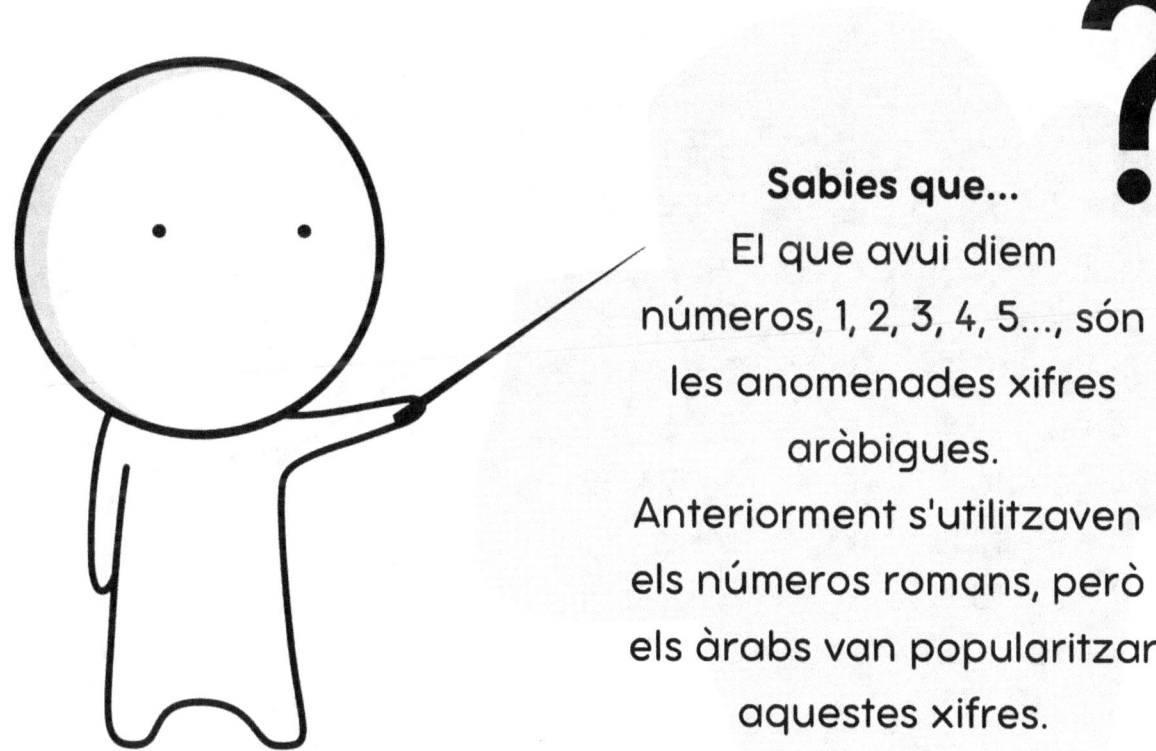

Sabies que...
El que avui diem números, 1, 2, 3, 4, 5..., són les anomenades xifres aràbigues. Anteriorment s'utilitzaven els números romans, però els àrabs van popularitzar aquestes xifres.

CÀLCUL MENTAL

1

1 + 1 = 2
1 + 2 = 3
1 + 3 = 4
1 + 4 = 5
1 + 5 = 6
1 + 6 = 7
1 + 7 = 8
1 + 8 = 9
1 + 9 = 10
1 + 10 = 11

2

2 + 1 = 3
2 + 2 = 4
2 + 3 = 5
2 + 4 = 6
2 + 5 = 7
2 + 6 = 8
2 + 7 = 9
2 + 8 = 10
2 + 9 = 11
2 + 10 = 12

3

3 + 1 = 4
3 + 2 = 5
3 + 3 = 6
3 + 4 = 7
3 + 5 = 8
3 + 6 = 9
3 + 7 = 10
3 + 8 = 11
3 + 9 = 12
3 + 10 = 13

4

4 + 1 = 5
4 + 2 = 6
4 + 3 = 7
4 + 4 = 8
4 + 5 = 9
4 + 6 = 10
4 + 7 = 11
4 + 8 = 12
4 + 9 = 13
4 + 10 = 14

5

5 + 1 = 6
5 + 2 = 7
5 + 3 = 8
5 + 4 = 9
5 + 5 = 10
5 + 6 = 11
5 + 7 = 12
5 + 8 = 13
5 + 9 = 14
5 + 10 = 15

CÀLCUL MENTAL

6

6 + 1 = 7
6 + 2 = 8
6 + 3 = 9
6 + 4 = 10
6 + 5 = 11
6 + 6 = 12
6 + 7 = 13
6 + 8 = 14
6 + 9 = 15
6 + 10 = 16

7

7 + 1 = 8
7 + 2 = 9
7 + 3 = 10
7 + 4 = 11
7 + 5 = 12
7 + 6 = 13
7 + 7 = 14
7 + 8 = 15
7 + 9 = 16
7 + 10 = 17

8

8 + 1 = 9
8 + 2 = 10
8 + 3 = 11
8 + 4 = 12
8 + 5 = 13
8 + 6 = 14
8 + 7 = 15
8 + 8 = 16
8 + 9 = 17
8 + 10 = 18

9

9 + 1 = 10
9 + 2 = 11
9 + 3 = 12
9 + 4 =13
9 + 5 = 14
9 + 6 = 15
9 + 7 = 16
9 + 8 = 17
9 + 9 = 18
9 + 10 = 19

10

10 + 1 = 11
10 + 2 = 12
10 + 3 = 13
10 + 4 = 14
10 + 5 = 15
10 + 6 = 16
10 + 7 = 17
10 + 8 = 18
10 + 9 = 19
10 + 10 = 20

CAPÍTOL 1: SUMES DEL 0 AL 5

Nom: _____   Data: _____   Resultats: ____/30

1) 0 + 0 =

2) 0 + 1 =

3) 0 + 2 =

4) 0 + 3 =

5) 0 + 4 =

6) 0 + 5 =

7) 1 + 0 =

8) 1 + 1 =

9) 1 + 2 =

10) 1 + 3 =

11) 1 + 4 =

12) 1 + 5 =

13) 2 + 0 =

14) 2 + 1 =

15) 2 + 2 =

16) 2 + 3 =

17) 2 + 4 =

18) 2 + 5 =

19) 3 + 0 =

20) 3 + 1 =

21) 3 + 2 =

22) 3 + 3 =

23) 3 + 4 =

24) 3 + 5 =

25) 4 + 0 =

26) 4 + 1 =

27) 4 + 2 =

28) 4 + 3 =

29) 4 + 4 =

30) 4 + 5 =

CAPÍTOL 1: SUMES DEL 0 AL 5

Nom: _____   Data: _____   Resultats: ____/30

31) 5 + 0 = ☐
32) 5 + 1 = ☐
33) 5 + 2 = ☐
34) 5 + 3 = ☐
35) 5 + 4 = ☐

36) 5 + 5 = ☐
37) 1 + 3 = ☐
38) 5 + 1 = ☐
39) 4 + 2 = ☐
40) 3 + 3 = ☐

41) 2 + 4 = ☐
42) 5 + 5 = ☐
43) 2 + 3 = ☐
44) 2 + 5 = ☐
45) 1 + 1 = ☐

46) 4 + 0 = ☐
47) 2 + 1 = ☐
48) 5 + 3 = ☐
49) 3 + 1 = ☐
50) 4 + 5 = ☐

51) 3 + 3 = ☐
52) 4 + 4 = ☐
53) 3 + 1 = ☐
54) 2 + 0 = ☐
55) 5 + 1 = ☐

56) 4 + 1 = ☐
57) 4 + 2 = ☐
58) 0 + 0 = ☐
59) 2 + 2 = ☐
60) 4 + 5 = ☐

CAPÍTOL 1: SUMES DEL 0 AL 5

Nom: _____   Data: _____   Resultats: ____/30

61) 1 + 2 = ☐

62) 4 + 1 = ☐

63) 3 + 2 = ☐

64) 3 + 3 = ☐

65) 4 + 0 = ☐

66) 0 + 3 = ☐

67) 2 + 2 = ☐

68) 4 + 4 = ☐

69) 3 + 1 = ☐

70) 0 + 5 = ☐

71) 5 + 1 = ☐

72) 2 + 4 = ☐

73) 3 + 5 = ☐

74) 1 + 1 = ☐

75) 3 + 4 = ☐

76) 1 + 0 = ☐

77) 3 + 4 = ☐

78) 3 + 0 = ☐

79) 5 + 4 = ☐

80) 4 + 1 = ☐

81) 5 + 2 = ☐

82) 2 + 3 = ☐

83) 0 + 2 = ☐

84) 4 + 4 = ☐

85) 4 + 2 = ☐

86) 5 + 5 = ☐

87) 4 + 3 = ☐

88) 1 + 1 = ☐

89) 4 + 5 = ☐

90) 3 + 4 = ☐

CAPÍTOL 1: SUMES DEL 0 AL 5

Nom: _____   Data: _____   Resultats: ____/30

91) 0 + 8 =

92) 4 + 5 =

93) 3 + 3 =

94) 2 + 1 =

95) 5 + 2 =

96) 2 + 3 =

97) 5 + 5 =

98) 1 + 3 =

99) 2 + 5 =

100) 4 + 3 =

101) 4 + 1 =

102) 0 + 4 =

103) 5 + 0 =

104) 0 + 0 =

105) 3 + 2 =

106) 3 + 1 =

107) 1 + 1 =

108) 3 + 4 =

109) 0 + 2 =

110) 3 + 4 =

111) 4 + 2 =

112) 5 + 2 =

113) 3 + 5 =

114) 5 + 4 =

115) 0 + 3 =

116) 1 + 3 =

117) 5 + 1 =

118) 4 + 4 =

119) 3 + 5 =

120) 2 + 2 =

CAPÍTOL 1: SUMES DEL 0 AL 5

Nom: _____   Data: _____   Resultats: ____/30

121) 1 + 1 = ☐

122) 3 + 4 = ☐

123) 5 + 1 = ☐

124) 0 + 1 = ☐

125) 5 + 5 = ☐

126) 3 + 0 = ☐

127) 0 + 4 = ☐

128) 4 + 4 = ☐

129) 2 + 0 = ☐

130) 2 + 3 = ☐

131) 3 + 3 = ☐

132) 4 + 1 = ☐

133) 0 + 0 = ☐

134) 5 + 3 = ☐

135) 1 + 2 = ☐

136) 0 + 1 = ☐

137) 1 + 3 = ☐

138) 2 + 5 = ☐

139) 3 + 2 = ☐

140) 4 + 3 = ☐

141) 5 + 1 = ☐

142) 4 + 0 = ☐

143) 0 + 2 = ☐

144) 3 + 5 = ☐

145) 4 + 4 = ☐

146) 1 + 5 = ☐

147) 2 + 4 = ☐

148) 2 + 2 = ☐

149) 5 + 4 = ☐

150) 0 + 5 = ☐

CAPÍTOL 1: SUMES DEL 0 AL 5

Nom: _____   Data: _____   Resultats: ___/30

151) 1 + 5 =
152) 2 + 3 =
153) 4 + 3 =
154) 5 + 5 =
155) 1 + 2 =

156) 4 + 2 =
157) 5 + 3 =
158) 3 + 1 =
159) 3 + 4 =
160) 0 + 5 =

161) 3 + 4 =
162) 2 + 2 =
163) 3 + 5 =
164) 0 + 4 =
165) 2 + 4 =

166) 3 + 1 =
167) 3 + 0 =
168) 0 + 3 =
169) 1 + 1 =
170) 5 + 2 =

171) 3 + 3 =
172) 0 + 2 =
173) 3 + 2 =
174) 4 + 4 =
175) 2 + 5 =

176) 0 + 1 =
177) 5 + 0 =
178) 5 + 4 =
179) 4 + 5 =
180) 1 + 4 =

CAPÍTOL 1: SUMES DEL 0 AL 5

Nom: _____   Data: _____   Resultats: ____ /30

181) 2 + 5 =

182) 0 + 3 =

183) 1 + 3 =

184) 3 + 2 =

185) 4 + 2 =

186) 3 + 3 =

187) 5 + 2 =

188) 5 + 0 =

189) 0 + 1 =

190) 2 + 4 =

191) 1 + 2 =

192) 0 + 4 =

193) 4 + 1 =

194) 0 + 3 =

195) 4 + 4 =

196) 3 + 4 =

197) 2 + 3 =

198) 4 + 3 =

199) 5 + 3 =

200) 1 + 1 =

201) 2 + 0 =

202) 1 + 4 =

203) 5 + 5 =

204) 3 + 1 =

205) 0 + 5 =

206) 2 + 2 =

207) 5 + 5 =

208) 1 + 5 =

209) 3 + 5 =

210) 4 + 5 =

CAPÍTOL 1: SUMES DEL 0 AL 5

Nom: _____   Data: _____   Resultats: ____/30

211) 1 + 1 = ☐
212) 5 + 1 = ☐
213) 5 + 5 = ☐
214) 2 + 4 = ☐
215) 1 + 4 = ☐

216) 4 + 1 = ☐
217) 3 + 5 = ☐
218) 0 + 4 = ☐
219) 4 + 2 = ☐
220) 5 + 0 = ☐

221) 2 + 3 = ☐
222) 0 + 4 = ☐
223) 3 + 4 = ☐
224) 5 + 2 = ☐
225) 4 + 4 = ☐

226) 3 + 2 = ☐
227) 2 + 5 = ☐
228) 5 + 3 = ☐
229) 1 + 3 = ☐
230) 0 + 2 = ☐

231) 0 + 1 = ☐
232) 4 + 3 = ☐
233) 3 + 1 = ☐
234) 4 + 5 = ☐
235) 5 + 4 = ☐

236) 1 + 2 = ☐
237) 3 + 3 = ☐
238) 0 + 5 = ☐
239) 2 + 2 = ☐
240) 1 + 5 = ☐

CAPÍTOL 1: SUMES DEL 0 AL 5

Nom: _____   Data: _____   Resultats: ____/30

241) 2 + 2 =

242) 5 + 5 =

243) 4 + 3 =

244) 3 + 5 =

245) 5 + 1 =

246) 1 + 2 =

247) 5 + 0 =

248) 5 + 2 =

249) 2 + 3 =

250) 1 + 3 =

251) 4 + 5 =

252) 3 + 4 =

253) 0 + 4 =

254) 5 + 3 =

255) 4 + 2 =

256) 2 + 4 =

257) 1 + 5 =

258) 4 + 1 =

259) 3 + 2 =

260) 0 + 4 =

261) 3 + 0 =

262) 4 + 4 =

263) 0 + 3 =

264) 5 + 4 =

265) 3 + 3 =

266) 3 + 1 =

267) 0 + 0 =

268) 5 + 0 =

269) 2 + 5 =

270) 1 + 4 =

CAPÍTOL 1: SUMES DEL 0 AL 5

Nom: _____   Data: _____   Resultats: ____/30

271) 5 + 5 =

272) 4 + 1 =

273) 2 + 1 =

274) 3 + 0 =

275) 1 + 5 =

276) 5 + 0 =

277) 1 + 1 =

278) 4 + 4 =

279) 0 + 0 =

280) 3 + 5 =

281) 1 + 4 =

282) 0 + 2 =

283) 4 + 0 =

284) 1 + 2 =

285) 4 + 2 =

286) 2 + 4 =

287) 4 + 5 =

288) 3 + 4 =

289) 3 + 1 =

290) 2 + 3 =

291) 5 + 3 =

292) 3 + 2 =

293) 0 + 3 =

294) 5 + 4 =

295) 3 + 3 =

296) 5 + 5 =

297) 1 + 3 =

298) 4 + 3 =

299) 2 + 5 =

300) 5 + 2 =

CAPÍTOL 2: SUMES DEL 0 AL 10

Aquí trobaràs exercicis de sumes dels números del 0 al 10. De tal forma que el número menor serà 0 (0+0) i el major, 20 (10+10).

Recorda revisar les taules de sumes.

Fa més de 400 anys, Robert Recorde va inventar les dues ratlles (=) per a indicar la igualtat, perquè "dues coses no poden ser més iguals que dues rectes paral·leles".

CAPÍTOL 2: SUMES DEL 0 AL 10

Nom: _____ Data: _____ Resultats: ____/30

301) 1 + 1 =

302) 2 + 2 =

303) 3 + 3 =

304) 4 + 4 =

305) 5 + 5 =

306) 6 + 6 =

307) 7 + 7 =

308) 8 + 8 =

309) 9 + 9 =

310) 10 + 10 =

311) 6 + 1 =

312) 6 + 2 =

313) 6 + 3 =

314) 6 + 4 =

315) 6 + 5 =

316) 7 + 1 =

317) 7 + 2 =

318) 7 + 3 =

319) 7 + 4 =

320) 7 + 5 =

321) 8 + 1 =

322) 8 + 2 =

323) 8 + 3 =

324) 8 + 4 =

325) 8 + 5 =

326) 9 + 1 =

327) 9 + 2 =

328) 9 + 3 =

329) 9 + 4 =

330) 9 + 5 =

CAPÍTOL 2: SUMES DEL 0 AL 10

Nom: _____   Data: _____   Resultats: ____/30

331) 10 + 1 =

332) 10 + 2 =

333) 10 + 3 =

334) 10 + 4 =

335) 10 + 5 =

336) 6 + 7 =

337) 7 + 8 =

338) 6 + 9 =

339) 6 + 10 =

340) 6 + 6 =

341) 7 + 6 =

342) 7 + 8 =

343) 7 + 9 =

344) 7 + 10 =

345) 7 + 7 =

346) 8 + 6 =

347) 8 + 7 =

348) 8 + 9 =

349) 8 + 10 =

350) 8 + 8 =

351) 9 + 6 =

352) 9 + 7 =

353) 9 + 8 =

354) 9 + 10 =

355) 9 + 9 =

356) 10 + 6 =

357) 10 + 7 =

358) 10 + 8 =

359) 10 + 9 =

360) 10 + 10 =

CAPÍTOL 2: SUMES DEL 0 AL 10

Nom: _____   Data: _____   Resultats: ___/30

361) 8 + 2 =

362) 10 + 1 =

363) 9 + 9 =

364) 3 + 10 =

365) 5 + 7 =

366) 10 + 10 =

367) 2 + 9 =

368) 10 + 9 =

369) 5 + 3 =

370) 3 + 5 =

371) 5 + 5 =

372) 10 + 7 =

373) 3 + 3 =

374) 8 + 8 =

375) 10 + 4 =

376) 6 + 7 =

377) 7 + 4 =

378) 2 + 10 =

379) 6 + 6 =

380) 9 + 7 =

381) 5 + 10 =

382) 8 + 5 =

383) 4 + 9 =

384) 4 + 5 =

385) 0 + 10 =

386) 4 + 6 =

387) 8 + 10 =

388) 1 + 7 =

389) 10 + 6 =

390) 7 + 7 =

CAPÍTOL 2: SUMES DEL 0 AL 10

Nom: _____ Data: _____ Resultats: ____/30

391) 8 + 8

392) 10 + 4

393) 5 + 9

394) 8 + 2

395) 2 + 6

396) 6 + 3

397) 3 + 4

398) 7 + 4

399) 3 + 9

400) 1 + 8

401) 5 + 0

402) 10 + 10

403) 4 + 3

404) 5 + 4

405) 8 + 7

406) 2 + 7

407) 5 + 2

408) 6 + 10

409) 7 + 7

410) 9 + 7

411) 9 + 10

412) 5 + 9

413) 5 + 8

414) 3 + 8

415) 3 + 7

416) 4 + 5

417) 4 + 9

418) 9 + 1

419) 10 + 4

420) 9 + 8

CAPÍTOL 2: SUMES DEL 0 AL 10

Nom: _____   Data: _____   Resultats: ____/30

421) 8 + 1 =

422) 6 + 3 =

423) 5 + 6 =

424) 5 + 5 =

425) 7 + 6 =

426) 7 + 3 =

427) 6 + 6 =

428) 5 + 7 =

429) 1 + 9 =

430) 6 + 5 =

431) 9 + 0 =

432) 9 + 9 =

433) 1 + 9 =

434) 8 + 5 =

435) 4 + 6 =

436) 9 + 8 =

437) 8 + 8 =

438) 8 + 7 =

439) 9 + 4 =

440) 4 + 4 =

441) 7 + 9 =

442) 2 + 7 =

443) 6 + 2 =

444) 3 + 3 =

445) 2 + 9 =

446) 0 + 4 =

447) 7 + 3 =

448) 4 + 8 =

449) 10 + 2 =

450) 10 + 8 =

CAPÍTOL 2: SUMES DEL 0 AL 10

Nom: _____   Data: _____   Resultats: ____/30

451) 4 + 8 = ☐

452) 9 + 3 = ☐

453) 5 + 5 = ☐

454) 2 + 10 = ☐

455) 7 + 4 = ☐

456) 2 + 2 = ☐

457) 4 + 4 = ☐

458) 2 + 4 = ☐

459) 3 + 3 = ☐

460) 4 + 9 = ☐

461) 6 + 4 = ☐

462) 4 + 5 = ☐

463) 10 + 4 = ☐

464) 2 + 8 = ☐

465) 5 + 10 = ☐

466) 7 + 3 = ☐

467) 3 + 8 = ☐

468) 0 + 4 = ☐

469) 2 + 9 = ☐

470) 1 + 4 = ☐

471) 9 + 1 = ☐

472) 3 + 4 = ☐

473) 5 + 7 = ☐

474) 1 + 6 = ☐

475) 3 + 5 = ☐

476) 9 + 8 = ☐

477) 4 + 7 = ☐

478) 9 + 4 = ☐

479) 10 + 10 = ☐

480) 2 + 2 = ☐

CAPÍTOL 2: SUMES DEL 0 AL 10

Nom: _____ Data: _____ Resultats: ____/30

481) 2 + 3

482) 8 + 10

483) 3 + 5

484) 6 + 2

485) 3 + 6

486) 9 + 2

487) 5 + 6

488) 2 + 8

489) 8 + 6

490) 9 + 9

491) 2 + 2

492) 7 + 7

493) 6 + 6

494) 3 + 7

495) 2 + 7

496) 8 + 4

497) 8 + 1

498) 6 + 4

499) 2 + 1

500) 8 + 5

501) 5 + 7

502) 5 + 0

503) 5 + 9

504) 4 + 7

505) 1 + 9

506) 3 + 6

507) 5 + 2

508) 10 + 2

509) 4 + 4

510) 3 + 8

CAPÍTOL 2: SUMES DEL 0 AL 10

Nom: _____ Data: _____ Resultats: ____/30

511) 5 + 5 =

512) 2 + 8 =

513) 5 + 7 =

514) 8 + 5 =

515) 7 + 7 =

516) 8 + 6 =

517) 2 + 2 =

518) 7 + 2 =

519) 6 + 4 =

520) 1 + 9 =

521) 0 + 0 =

522) 6 + 10 =

523) 4 + 4 =

524) 8 + 8 =

525) 4 + 7 =

526) 0 + 7 =

527) 4 + 2 =

528) 10 + 3 =

529) 8 + 7 =

530) 3 + 8 =

531) 10 + 10 =

532) 8 + 4 =

533) 10 + 0 =

534) 3 + 7 =

535) 4 + 3 =

536) 9 + 9 =

537) 6 + 5 =

538) 3 + 3 =

539) 10 + 7 =

540) 6 + 6 =

CAPÍTOL 2: SUMES DEL 0 AL 10

Nom: _____   Data: _____   Resultats: ____/30

541) 9 + 4 = ☐
542) 7 + 6 = ☐
543) 6 + 5 = ☐
544) 7 + 8 = ☐
545) 9 + 2 = ☐

546) 8 + 2 = ☐
547) 7 + 4 = ☐
548) 3 + 6 = ☐
549) 0 + 9 = ☐
550) 1 + 1 = ☐

551) 6 + 9 = ☐
552) 8 + 8 = ☐
553) 9 + 3 = ☐
554) 2 + 2 = ☐
555) 7 + 9 = ☐

556) 3 + 2 = ☐
557) 5 + 4 = ☐
558) 9 + 9 = ☐
559) 10 + 10 = ☐
560) 6 + 6 = ☐

561) 2 + 7 = ☐
562) 4 + 6 = ☐
563) 6 + 2 = ☐
564) 5 + 9 = ☐
565) 6 + 8 = ☐

566) 9 + 1 = ☐
567) 5 + 8 = ☐
568) 7 + 5 = ☐
569) 9 + 8 = ☐
570) 3 + 7 = ☐

CAPÍTOL 2: SUMES DEL 0 AL 10

Nom: _____   Data: _____   Resultats: ____/30

571) 1 + 10 = ☐

572) 5 + 9 = ☐

573) 8 + 7 = ☐

574) 6 + 6 = ☐

575) 10 + 10 = ☐

576) 8 + 4 = ☐

577) 7 + 5 = ☐

578) 10 + 4 = ☐

579) 9 + 6 = ☐

580) 2 + 2 = ☐

581) 9 + 8 = ☐

582) 7 + 2 = ☐

583) 5 + 3 = ☐

584) 9 + 3 = ☐

585) 3 + 3 = ☐

586) 4 + 9 = ☐

587) 3 + 8 = ☐

588) 5 + 5 = ☐

589) 7 + 7 = ☐

590) 2 + 10 = ☐

591) 5 + 4 = ☐

592) 6 + 6 = ☐

593) 8 + 5 = ☐

594) 2 + 5 = ☐

595) 4 + 7 = ☐

596) 4 + 4 = ☐

597) 3 + 10 = ☐

598) 7 + 6 = ☐

599) 9 + 9 = ☐

600) 7 + 9 = ☐

CAPÍTOL 3: SUMES DEL 0 AL 20

Aquí trobaràs exercicis de sumes dels números del 0 al 20. De tal forma que el número menor serà 0 (0+0) i el major, 40 (20+20).

Recorda revisar les taules de sumes.

Sabies que...
El "zero", com a número, va ser desenvolupat per antigues civilitzacions com els babilonis i els maies, però va ser a l'Índia on se li va donar la forma que coneixem avui dia.

CAPÍTOL 3: SUMES DEL 0 AL 20

CÀLCUL MENTAL

10

10 + 1 = 11
10 + 2 = 12
10 + 3 = 13
10 + 4 = 14
10 + 5 = 15
10 + 6 = 16
10 + 7 = 18
10 + 8 = 18
10 + 9 = 19
10 + 10 = 20
10 + 11 = 21
10 + 12 = 22
10 + 13 = 23
10 + 14 = 24
10 + 15 = 25
10 + 16 = 26
10 + 17 = 27
10 + 18 = 28
10 + 19 = 29
10 + 20 = 30

11

11 + 1 = 12
11 + 2 = 13
11 + 3 = 14
11 + 4 = 15
11 + 5 = 16
11 + 6 = 17
11 + 7 = 18
11 + 8 = 19
11 + 9 = 20
11 + 10 = 21
11 + 11 = 22
11 + 12 = 23
11 + 13 = 24
11 + 14 = 25
11 + 15 = 26
11 + 16 = 27
11 + 17 = 28
11 + 18 = 29
11 + 19 = 30
11 + 20 = 31

CÀLCUL MENTAL

12

12 + 1 = 13
12 + 2 = 14
12 + 3 = 15
12 + 4 = 16
12 + 5 = 17
12 + 6 = 18
12 + 7 = 19
12 + 8 = 20
12 + 9 = 21
12 + 10 = 22
12 + 11 = 23
12 + 12 = 24
12 + 13 = 25
12 + 14 = 26
12 + 15 = 27
12 + 16 = 28
12 + 17 = 29
12 + 18 = 30
12 + 19 = 31
12 + 20 = 32

13

13 + 1 = 14
13 + 2 = 15
13 + 3 = 16
13 + 4 = 17
13 + 5 = 18
13 + 6 = 19
13 + 7 = 20
13 + 8 = 21
13 + 9 = 22
13 + 10 = 23
13 + 11 = 24
13 + 12 = 25
13 + 13 = 26
13 + 14 = 27
13 + 15 = 28
13 + 16 = 29
13 + 17 = 30
13 + 18 = 31
13 + 19 = 32
13 + 20 = 33

14

14 + 1 = 15
14 + 2 = 16
14 + 3 = 17
14 + 4 = 18
14 + 5 = 19
14 + 6 = 20
14 + 7 = 21
14 + 8 = 22
14 + 9 = 23
14 + 10 = 24
14 + 11 = 25
14 + 12 = 26
14 + 13 = 27
14 + 14 = 28
14 + 15 = 29
14 + 16 = 30
14 + 17 = 31
14 + 18 = 32
14 + 19 = 33
14 + 20 = 34

CÀLCUL MENTAL

15

15 + 1 = 16
15 + 2 = 17
15 + 3 = 18
15 + 4 = 19
15 + 5 = 20
15 + 6 = 21
15 + 7 = 22
15 + 8 = 23
15 + 9 = 24
15 + 10 = 25
15 + 11 = 26
15 + 12 = 27
15 + 13 = 28
15 + 14 = 29
15 + 15 = 30
15 + 16 = 31
15 + 17 = 32
15 + 18 = 33
15 + 19 = 34
15 + 20 = 35

16

16 + 1 = 17
16 + 2 = 18
16 + 3 = 19
16 + 4 = 20
16 + 5 = 21
16 + 6 = 22
16 + 7 = 23
16 + 8 = 24
16 + 9 = 25
16 + 10 = 26
16 + 11 = 27
16 + 12 = 28
16 + 13 = 29
16 + 14 = 30
16 + 15 = 31
16 + 16 = 32
16 + 17 = 33
16 + 18 = 34
16 + 19 = 35
16 + 20 = 36

17

17 + 1 = 18
17 + 2 = 19
17 + 3 = 20
17 + 4 = 21
17 + 5 = 22
17 + 6 = 23
17 + 7 = 24
17 + 8 = 25
17 + 9 = 26
17 + 10 = 27
17 + 11 = 28
17 + 12 = 29
17 + 13 = 30
17 + 14 = 31
17 + 15 = 32
17 + 16 = 33
17 + 17 = 34
17 + 18 = 35
17 + 19 = 36
17 + 20 = 37

CÀLCUL MENTAL

18

18 + 1 = 19
18 + 2 = 20
18 + 3 = 21
18 + 4 = 22
18 + 5 = 23
18 + 6 = 24
18 + 7 = 25
18 + 8 = 26
18 + 9 = 27
18 + 10 = 28
18 + 11 = 29
18 + 12 = 30
18 + 13 = 31
18 + 14 = 32
18 + 15 = 33
18 + 16 = 34
18 + 17 = 35
18 + 18 = 36
18 + 19 = 37
18 + 20 = 38

19

19 + 1 = 20
19 + 2 = 21
19 + 3 = 22
19 + 4 = 23
19 + 5 = 24
19 + 6 = 25
19 + 7 = 26
19 + 8 = 27
19 + 9 = 28
19 + 10 = 29
19 + 11 = 30
19 + 12 = 31
19 + 13 = 32
19 + 14 = 33
19 + 15 = 34
19 + 16 = 35
19 + 17 = 36
19 + 18 = 37
19 + 19 = 38
19 + 20 = 39

20

20 + 1 = 21
20 + 2 = 22
20 + 3 = 23
20 + 4 = 24
20 + 5 = 25
20 + 6 = 26
20 + 7 = 27
20 + 8 = 28
20 + 9 = 29
20 + 10 = 30
20 + 11 = 31
20 + 12 = 32
20 + 13 = 33
20 + 14 = 34
20 + 15 = 35
20 + 16 = 36
20 + 17 = 37
20 + 18 = 38
20 + 19 = 39
20 + 20 = 40

CAPÍTOL 3: SUMES DEL 0 AL 20

Nom: _____   Data: _____   Resultats: ____/30

601) 10 + 10 =

602) 8 + 12 =

603) 11 + 10 =

604) 17 + 3 =

605) 10 + 18 =

606) 14 + 14 =

607) 12 + 12 =

608) 11 + 9 =

609) 9 + 20 =

610) 20 + 14 =

611) 10 + 15 =

612) 16 + 16 =

613) 14 + 10 =

614) 8 + 2 =

615) 20 + 20 =

616) 9 + 9 =

617) 10 + 19 =

618) 16 + 4 =

619) 10 + 17 =

620) 12 + 10 =

621) 13 + 13 =

622) 19 + 19 =

623) 18 + 2 =

624) 15 + 15 =

625) 19 + 1 =

626) 13 + 10 =

627) 15 + 5 =

268) 20 + 6 =

629) 18 + 18 =

630) 10 + 16 =

CAPÍTOL 3: SUMES DEL 0 AL 20

Nom: _____   Data: _____   Resultats: ____/30

631) 18 + 2 =

632) 12 + 12 =

633) 9 + 9 =

634) 10 + 13 =

635) 20 + 10 =

636) 15 + 15 =

637) 13 + 15 =

638) 10 + 16 =

639) 15 + 2 =

640) 16 + 20 =

641) 15 + 5 =

642) 10 + 8 =

643) 16 + 3 =

644) 13 + 13 =

645) 11 + 7 =

646) 10 + 12 =

647) 16 + 2 =

648) 12 + 4 =

649) 14 + 12 =

650) 15 + 4 =

651) 12 + 20 =

652) 10 + 15 =

653) 11 + 9 =

654) 16 + 4 =

655) 12 + 8 =

656) 11 + 6 =

657) 17 + 3 =

258) 14 + 14 =

659) 12 + 6 =

660) 10 + 14 =

CAPÍTOL 3: SUMES DEL 0 AL 20

Nom: _____   Data: _____   Resultats: ____/30

661) 13 + 7 =

662) 12 + 12 =

663) 15 + 5 =

664) 13 + 11 =

665) 13 + 13 =

666) 14 + 14 =

667) 17 + 11 =

668) 20 + 8 =

669) 15 + 16 =

670) 18 + 12 =

671) 7 + 7 =

672) 20 + 20 =

673) 6 + 8 =

674) 9 + 6 =

675) 14 + 11 =

676) 6 + 14 =

677) 8 + 7 =

678) 6 + 15 =

679) 11 + 18 =

680) 19 + 1 =

681) 16 + 14 =

682) 15 + 11 =

683) 12 + 8 =

684) 18 + 2 =

685) 15 + 15 =

686) 14 + 6 =

687) 12 + 11 =

288) 16 + 11 =

689) 13 + 13 =

690) 17 + 13 =

CAPÍTOL 3: SUMES DEL 0 AL 20

Nom: _____   Data: _____   Resultats: ___/30

691) 20 + 8 = ☐

692) 12 + 8 = ☐

693) 10 + 10 = ☐

694) 7 + 13 = ☐

695) 12 + 13 = ☐

696) 8 + 11 = ☐

697) 16 + 12 = ☐

698) 14 + 14 = ☐

699) 7 + 13 = ☐

700) 16 + 4 = ☐

701) 12 + 12 = ☐

702) 10 + 8 = ☐

703) 9 + 9 = ☐

704) 6 + 5 = ☐

705) 11 + 9 = ☐

706) 3 + 17 = ☐

707) 1 + 19 = ☐

708) 4 + 15 = ☐

709) 12 + 18 = ☐

710) 9 + 20 = ☐

711) 9 + 7 = ☐

712) 14 + 11 = ☐

713) 11 + 9 = ☐

714) 13 + 13 = ☐

715) 15 + 15 = ☐

716) 15 + 5 = ☐

717) 10 + 20 = ☐

718) 20 + 9 = ☐

719) 11 + 6 = ☐

720) 11 + 11 = ☐

CAPÍTOL 3: SUMES DEL 0 AL 20

Nom: _____ Data: _____ Resultats: ___/30

721) 10 + 11 =

722) 20 + 14 =

723) 11 + 8 =

724) 9 + 9 =

725) 14 + 14 =

726) 12 + 3 =

727) 16 + 10 =

728) 20 + 17 =

729) 6 + 15 =

730) 12 + 11 =

731) 12 + 12 =

732) 18 + 12 =

733) 10 + 9 =

734) 9 + 18 =

735) 6 + 11 =

736) 15 + 15 =

737) 11 + 20 =

738) 3 + 13 =

739) 12 + 2 =

740) 8 + 10 =

741) 7 + 11 =

742) 15 + 9 =

743) 17 + 3 =

744) 3 + 18 =

745) 13 + 13 =

746) 4 + 12 =

747) 13 + 6 =

748) 2 + 15 =

749) 11 + 9 =

750) 15 + 8 =

CAPÍTOL 3: SUMES DEL 0 AL 20

Nom: _____ Data: _____ Resultats: ____/30

751) 12 + 7 =

752) 15 + 17 =

753) 14 + 16 =

754) 16 + 16 =

755) 5 + 12 =

756) 11 + 11 =

757) 20 + 10 =

758) 14 + 14 =

759) 20 + 20 =

760) 18 + 11 =

761) 17 + 17 =

762) 12 + 15 =

763) 19 + 19 =

764) 18 + 15 =

765) 16 + 15 =

766) 12 + 7 =

767) 5 + 12 =

768) 17 + 11 =

769) 11 + 8 =

770) 15 + 15 =

771) 17 + 13 =

772) 12 + 20 =

773) 6 + 12 =

774) 18 + 14 =

775) 17 + 3 =

776) 13 + 13 =

777) 15 + 14 =

778) 11 + 19 =

779) 12 + 12 =

780) 18 + 18 =

CAPÍTOL 3: SUMES DEL 0 AL 20

Nom: _____   Data: _____   Resultats: ____/30

781) 10 + 10 =

782) 16 + 20 =

783) 12 + 14 =

784) 17 + 17 =

785) 14 + 15 =

786) 19 + 19 =

787) 8 + 12 =

788) 18 + 12 =

789) 13 + 13 =

790) 13 + 12 =

791) 16 + 18 =

792) 7 + 9 =

793) 18 + 18 =

794) 8 + 5 =

795) 20 + 14 =

796) 7 + 7 =

797) 15 + 15 =

798) 6 + 10 =

799) 17 + 7 =

800) 11 + 11 =

801) 12 + 12 =

802) 17 + 13 =

803) 20 + 19 =

804) 9 + 11 =

805) 13 + 15 =

806) 14 + 18 =

807) 16 + 16 =

808) 7 + 14 =

809) 12 + 20 =

810) 14 + 14 =

CAPÍTOL 3: SUMES DEL 0 AL 20

Nom: _____   Data: _____   Resultats: ____/30

811) 20 + 11 =

812) 6 + 18 =

813) 18 + 18 =

814) 13 + 17 =

815) 10 + 10 =

816) 16 + 16 =

817) 19 + 5 =

818) 11 + 17 =

819) 14 + 20 =

820) 15 + 19 =

821) 18 + 16 =

822) 13 + 8 =

823) 15 + 12 =

824) 15 + 20 =

825) 13 + 12 =

826) 15 + 17 =

827) 13 + 19 =

828) 16 + 12 =

829) 9 + 11 =

830) 11 + 12 =

831) 9 + 12 =

832) 7 + 7 =

833) 9 + 16 =

834) 17 + 17 =

835) 16 + 14 =

836) 19 + 19 =

837) 18 + 13 =

838) 10 + 15 =

839) 19 + 11 =

840) 13 + 20 =

CAPÍTOL 3: SUMES DEL 0 AL 20

Nom: _____ Data: _____ Resultats: ____ /30

841) 17 + 7

842) 19 + 13

843) 12 + 15

844) 9 + 12

845) 15 + 18

846) 18 + 18

847) 14 + 13

848) 16 + 20

849) 15 + 19

850) 11 + 14

851) 20 + 18

852) 15 + 14

853) 11 + 9

854) 16 + 7

855) 18 + 19

856) 20 + 14

857) 15 + 3

858) 18 + 12

859) 11 + 19

860) 6 + 17

861) 17 + 10

862) 9 + 9

863) 17 + 17

864) 20 + 12

865) 17 + 15

866) 15 + 16

867) 13 + 17

868) 17 + 5

869) 13 + 9

870) 19 + 19

CAPÍTOL 3: SUMES DEL 0 AL 20

Nom: _____ Data: _____ Resultats: ____/30

871) 19 + 12 = ☐

872) 11 + 17 = ☐

873) 16 + 13 = ☐

874) 10 + 14 = ☐

875) 18 + 17 = ☐

876) 18 + 14 = ☐

877) 9 + 19 = ☐

878) 17 + 4 = ☐

879) 18 + 18 = ☐

880) 16 + 16 = ☐

881) 17 + 19 = ☐

882) 16 + 9 = ☐

883) 14 + 14 = ☐

884) 18 + 7 = ☐

885) 11 + 19 = ☐

886) 0 + 19 = ☐

887) 20 + 20 = ☐

888) 20 + 14 = ☐

889) 16 + 14 = ☐

890) 13 + 12 = ☐

891) 9 + 18 = ☐

892) 5 + 9 = ☐

893) 15 + 18 = ☐

894) 9 + 8 = ☐

895) 13 + 17 = ☐

896) 14 + 16 = ☐

897) 13 + 19 = ☐

898) 17 + 5 = ☐

899) 17 + 20 = ☐

900) 18 + 13 = ☐

CAPÍTOL 4: SUMES "?" DEL 0 AL 20

Amb les sumes ocultes hauràs de posar en pràctica tot el que has après. Troba el número ocult i escriu-lo dins del cercle perquè la suma resultant sigui correcta.

Exemple:

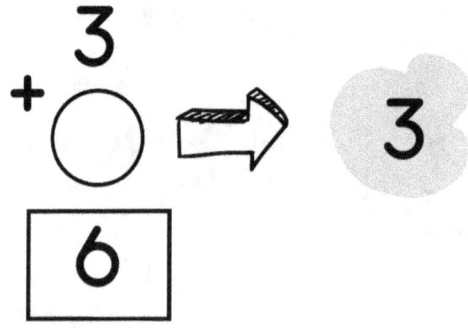

L'escriptor d'Alícia al país de les meravelles, Lewis Carroll, era matemàtic.

CAPÍTOL 4: SUMES "?" O AL 20

Nom: _____ Data: _____ Resultats: ____/30

901) 3 + ○ = 5

902) 10 + ○ = 12

903) 5 + ○ = 9

904) 8 + ○ = 16

905) 2 + ○ = 4

906) 6 + ○ = 8

907) 3 + ○ = 14

908) 7 + ○ = 15

909) 3 + ○ = 7

910) 1 + ○ = 2

911) 5 + ○ = 6

912) 8 + ○ = 10

913) 7 + ○ = 13

914) 6 + ○ = 11

915) 5 + ○ = 15

916) 10 + ○ = 20

917) 7 + ○ = 20

918) 16 + ○ = 20

919) 18 + ○ = 20

920) 12 + ○ = 20

921) 5 + ○ = 10

922) 4 + ○ = 10

923) 3 + ○ = 10

924) 8 + ○ = 15

925) 6 + ○ = 12

926) 14 + ○ = 19

927) 12 + ○ = 18

928) 9 + ○ = 11

929) 12 + ○ = 16

930) 6 + ○ = 12

CAPÍTOL 4: SUMES "?" O AL 20

Nom: _____ Data: _____ Resultats: ___/30

931) 10 + ◯ = 12

932) 11 + ◯ = 20

933) 4 + ◯ = 6

934) 3 + ◯ = 9

935) 9 + ◯ = 16

936) 2 + ◯ = 4

937) 8 + ◯ = 15

938) 11 + ◯ = 18

939) 3 + ◯ = 8

940) 5 + ◯ = 7

941) 4 + ◯ = 9

942) 12 + ◯ = 18

943) 5 + ◯ = 11

944) 12 + ◯ = 19

945) 1 + ◯ = 6

946) 3 + ◯ = 7

947) 7 + ◯ = 20

948) 12 + ◯ = 20

949) 1 + ◯ = 2

950) 2 + ◯ = 3

951) 4 + ◯ = 10

952) 2 + ◯ = 10

953) 6 + ◯ = 12

954) 7 + ◯ = 14

955) 4 + ◯ = 17

956) 8 + ◯ = 12

957) 9 + ◯ = 18

958) 8 + ◯ = 16

959) 9 + ◯ = 13

960) 6 + ◯ = 7

CAPÍTOL 4: SUMES "?" O AL 20

Nom: _____   Data: _____   Resultats: ____/30

961) 7 + ○ = 9
962) 9 + ○ = 20
963) 4 + ○ = 3
964) 6 + ○ = 10
965) 5 + ○ = 9

966) 6 + ○ = 12
967) 3 + ○ = 15
968) 11 + ○ = 15
969) 4 + ○ = 8
970) 4 + ○ = 5

971) 4 + ○ = 7
972) 2 + ○ = 10
973) 7 + ○ = 14
974) 6 + ○ = 12
975) 14 + ○ = 20

976) 9 + ○ = 15
977) 9 + ○ = 20
978) 12 + ○ = 22
979) 12 + ○ = 16
980) 20 + ○ = 40

981) 5 + ○ = 20
982) 9 + ○ = 10
983) 10 + ○ = 18
984) 7 + ○ = 17
985) 8 + ○ = 16

986) 9 + ○ = 18
987) 12 + ○ = 24
988) 3 + ○ = 8
989) 15 + ○ = 20
990) 8 + ○ = 20

CAPÍTOL 4: SUMES "?" O AL 20

Nom: _____ Data: _____ Resultats: ____/30

991) 9 + ○ = 14

992) 11 + ○ = 22

993) 3 + ○ = 8

994) 7 + ○ = 14

995) 2 + ○ = 6

996) 7 + ○ = 15

997) 13 + ○ = 19

998) 11 + ○ = 16

999) 8 + ○ = 12

1000) 5 + ○ = 14

1001) 4 + ○ = 9

1002) 15 + ○ = 20

1003) 6 + ○ = 13

1004) 9 + ○ = 20

1005) 9 + ○ = 13

1006) 18 + ○ = 20

1007) 9 + ○ = 18

1008) 12 + ○ = 15

1009) 12 + ○ = 17

1010) 16 + ○ = 20

1011) 8 + ○ = 16

1012) 6 + ○ = 10

1013) 6 + ○ = 12

1014) 5 + ○ = 10

1015) 4 + ○ = 15

1016) 10 + ○ = 20

1017) 12 + ○ = 15

1018) 11 + ○ = 16

1019) 13 + ○ = 20

1020) 12 + ○ = 16

CAPÍTOL 4: SUMES "?" O AL 20

Nom: _____   Data: _____   Resultats: ____/30

1021) 8 + ◯ = 15
1022) 10 + ◯ = 30
1023) 5 + ◯ = 19
1024) 8 + ◯ = 20
1025) 16 + ◯ = 32

1026) 10 + ◯ = 25
1027) 12 + ◯ = 20
1028) 20 + ◯ = 30
1029) 3 + ◯ = 25
1030) 19 + ◯ = 27

1031) 6 + ◯ = 12
1032) 12 + ◯ = 24
1033) 7 + ◯ = 18
1034) 13 + ◯ = 26
1035) 5 + ◯ = 20

1036) 12 + ◯ = 24
1037) 4 + ◯ = 20
1038) 19 + ◯ = 25
1039) 18 + ◯ = 30
1040) 10 + ◯ = 28

1041) 11 + ◯ = 21
1042) 5 + ◯ = 12
1043) 19 + ◯ = 24
1044) 11 + ◯ = 26
1045) 5 + ◯ = 25

1046) 14 + ◯ = 28
1047) 15 + ◯ = 30
1048) 11 + ◯ = 17
1049) 16 + ◯ = 20
1050) 5 + ◯ = 9

CAPÍTOL 4: SUMES "?" 0 AL 20

Nom: _____ Data: _____ Resultats: ____/30

1051) 3 + ◯ = 8

1052) 9 + ◯ = 12

1053) 6 + ◯ = 9

1054) 8 + ◯ = 20

1055) 6 + ◯ = 14

1056) 16 + ◯ = 22

1057) 3 + ◯ = 20

1058) 7 + ◯ = 12

1059) 14 + ◯ = 28

1060) 2 + ◯ = 7

1061) 5 + ◯ = 15

1062) 8 + ◯ = 11

1063) 15 + ◯ = 19

1064) 1 + ◯ = 16

1065) 6 + ◯ = 13

1066) 9 + ◯ = 16

1067) 7 + ◯ = 20

1068) 13 + ◯ = 26

1069) 7 + ◯ = 10

1070) 12 + ◯ = 19

1071) 9 + ◯ = 17

1072) 13 + ◯ = 26

1073) 9 + ◯ = 20

1074) 8 + ◯ = 16

1075) 20 + ◯ = 40

1076) 14 + ◯ = 20

1077) 15 + ◯ = 30

1078) 11 + ◯ = 19

1079) 12 + ◯ = 24

1080) 6 + ◯ = 10

CAPÍTOL 4: SUMES "?" 0 AL 20

Nom: _____ Data: _____ Resultats: ____/30

1081) 10 + ○ = 20
1082) 15 + ○ = 30
1083) 18 + ○ = 20
1084) 14 + ○ = 30
1085) 12 + ○ = 20

1086) 16 + ○ = 28
1087) 3 + ○ = 16
1088) 9 + ○ = 22
1089) 8 + ○ = 19
1090) 20 + ○ = 32

1091) 13 + ○ = 26
1092) 8 + ○ = 14
1093) 9 + ○ = 31
1094) 7 + ○ = 14
1095) 11 + ○ = 30

1096) 20 + ○ = 40
1097) 9 + ○ = 15
1098) 13 + ○ = 33
1099) 12 + ○ = 24
1100) 16 + ○ = 32

1101) 12 + ○ = 24
1102) 4 + ○ = 18
1103) 14 + ○ = 26
1104) 8 + ○ = 16
1105) 9 + ○ = 15

1106) 14 + ○ = 28
1107) 18 + ○ = 36
1108) 12 + ○ = 19
1109) 19 + ○ = 38
1110) 10 + ○ = 22

CAPÍTOL 5: RESTES DEL 0 AL 5

La resta és una operació matemàtica que s'utilitza per a treure una quantitat d'una altra. És com retirar coses d'un grup. Per exemple, si tens 4 joguines i restes 2, et queden 2 joguines.

En aquest capítol trobaràs exercicis de restes del 0 al 5, per tant el resultat menor possible és -5 (0-5) i el major és 5 (5-0).

Sabies que...
Abans que existissin les calculadores, s'usava l'àbac per a fer càlculs. És un dispositiu antic que consisteix en boles que es mouen al llarg de barres.

CÀLCUL MENTAL

1

1 - 1 = 0
1 - 2 = - 1
1 - 3 = - 2
1 - 4 = - 3
1 - 5 = - 4
1 - 6 = - 5
1 - 7 = - 6
1 - 8 = - 7
1 - 9 = - 8
1 - 10 = - 9

2

2 - 1 = 1
2 - 2 = 0
2 - 3 = - 1
2 - 4 = - 2
2 - 5 = - 3
2 - 6 = - 4
2 - 7 = - 5
2 - 8 = - 6
2 - 9 = - 7
2 - 10 = - 8

3

3 - 1 = 2
3 - 2 = 1
3 - 3 = 0
3 - 4 = - 1
3 - 5 = - 2
3 - 6 = - 3
3 - 7 = - 4
3 - 8 = - 5
3 - 9 = - 6
3 - 10 = - 7

4

4 - 1 = 3
4 - 2 = 2
4 - 3 = 1
4 - 4 = 0
4 - 5 = - 1
4 - 6 = - 2
4 - 7 = - 3
4 - 8 = - 4
4 - 9 = - 5
4 - 10 = - 6

5

5 - 1 = 4
5 - 2 = 3
5 - 3 = 2
5 - 4 = 1
5 - 5 = 0
5 - 6 = - 1
5 - 7 = - 2
5 - 8 = - 3
5 - 9 = - 4
5 - 10 = - 5

CÀLCUL MENTAL

6

6 - 1 = 5
6 - 2 = 4
6 - 3 = 3
6 - 4 = 2
6 - 5 = 1
6 - 6 = 0
6 - 7 = - 1
6 - 8 = - 2
6 - 9 = - 3
6 - 10 = - 4

7

7 - 1 = 6
7 - 2 = 5
7 - 3 = 4
7 - 4 = 3
7 - 5 = 2
7 - 6 = 1
7 - 7 = 0
7 - 8 = - 1
7 - 9 = - 2
7 - 10 = - 3

8

8 - 1 = 7
8 - 2 = 6
8 - 3 = 5
8 - 4 = 4
8 - 5 = 3
8 - 6 = 2
8 - 7 = 1
8 - 8 = 0
8 - 9 = - 1
8 - 10 = - 2

9

9 - 1 = 8
9 - 2 = 7
9 - 3 = 6
9 - 4 = 5
9 - 5 = 4
9 - 6 = 3
9 - 7 = 2
9 - 8 = 1
9 - 9 = 0
9 - 10 = - 1

10

10 - 1 = 9
10 - 2 = 8
10 - 3 = 7
10 - 4 = 6
10 - 5 = 5
10 - 6 = 4
10 - 7 = 3
10 - 8 = 2
10 - 9 = 1
10 - 10 = 0

CAPÍTOL 5: RESTES DEL 0 AL 5

Nom: _____   Data: _____   Resultats: ____/30

1111) 0 - 0 =

1112) 5 - 1 =

1113) 4 - 1 =

1114) 3 - 1 =

1115) 2 - 1 =

1116) 1 - 1 =

1117) 3 - 2 =

1118) 4 - 2 =

1119) 5 - 2 =

1120) 4 - 2 =

1121) 0 - 3 =

1122) 4 - 4 =

1123) 2 - 0 =

1124) 0 - 5 =

1125) 4 - 1 =

1126) 1 - 2 =

1127) 3 - 3 =

1128) 3 - 4 =

1129) 3 - 0 =

1130) 0 - 2 =

1131) 3 - 0 =

1132) 0 - 4 =

1133) 5 - 4 =

1134) 2 - 2 =

1135) 4 - 0 =

1136) 5 - 0 =

1137) 5 - 3 =

1138) 4 - 3 =

1139) 0 - 1 =

1140) 1 - 0 =

CAPÍTOL 5: RESTES DEL 0 AL 5

Nom: _____ Data: _____ Resultats: ____/30

1141) 4 - 2 =

1142) 5 - 4 =

1143) 3 - 3 =

1144) 4 - 5 =

1145) 0 - 5 =

1146) 5 - 1 =

1147) 3 - 5 =

1148) 1 - 0 =

1149) 4 - 4 =

1150) 2 - 0 =

1151) 2 - 2 =

1152) 0 - 2 =

1153) 0 - 0 =

1154) 5 - 3 =

1155) 3 - 0 =

1156) 1 - 5 =

1157) 4 - 1 =

1158) 1 - 4 =

1159) 0 - 3 =

1160) 3 - 4 =

1161) 5 - 5 =

1162) 3 - 2 =

1163) 0 - 4 =

1164) 2 - 5 =

1165) 2 - 1 =

1166) 4 - 3 =

1167) 1 - 1 =

1168) 2 - 3 =

1169) 5 - 2 =

1170) 3 - 1 =

CAPÍTOL 5: RESTES DEL 0 AL 5

Nom: _____   Data: _____   Resultats: ____/30

1171) 4 - 3 =

1172) 3 - 1 =

1173) 1 - 2 =

1174) 2 - 2 =

1175) 5 - 5 =

1176) 2 - 5 =

1177) 3 - 5 =

1178) 4 - 1 =

1179) 4 - 2 =

1180) 5 - 0 =

1181) 2 - 0 =

1182) 5 - 4 =

1183) 3 - 4 =

1184) 4 - 4 =

1185) 1 - 5 =

1186) 5 - 2 =

1187) 3 - 0 =

1188) 1 - 3 =

1189) 3 - 3 =

1190) 2 - 4 =

1191) 4 - 3 =

1192) 4 - 0 =

1193) 1 - 4 =

1194) 5 - 3 =

1195) 2 - 1 =

1196) 3 - 2 =

1197) 1 - 1 =

1198) 4 - 5 =

1199) 4 - 2 =

1200) 5 - 1 =

CAPÍTOL 5: RESTES DEL 0 AL 5

Nom: _____ Data: _____ Resultats: ____/30

1201) 5 - 5

1202) 4 - 3

1203) 3 - 5

1204) 2 - 5

1205) 0 - 4

1206) 1 - 4

1207) 2 - 2

1208) 1 - 3

1209) 4 - 5

1210) 5 - 2

1211) 0 - 5

1212) 3 - 4

1213) 4 - 0

1214) 0 - 1

1215) 4 - 2

1216) 5 - 3

1217) 0 - 2

1218) 1 - 1

1219) 0 - 3

1220) 3 - 2

1221) 3 - 1

1222) 4 - 4

1223) 2 - 4

1224) 5 - 4

1225) 1 - 5

1226) 2 - 3

1227) 5 - 1

1228) 0 - 0

1229) 3 - 3

1230) 4 - 1

CAPÍTOL 5: RESTES DEL 0 AL 5

Nom: _____   Data: _____   Resultats: ____/30

1231) 3 - 1 =

1232) 4 - 4 =

1233) 5 - 3 =

1234) 1 - 2 =

1235) 2 - 5 =

1236) 1 - 3 =

1237) 4 - 2 =

1238) 0 - 5 =

1239) 2 - 1 =

1240) 3 - 2 =

1241) 0 - 4 =

1242) 2 - 4 =

1243) 3 - 0 =

1244) 0 - 3 =

1245) 4 - 0 =

1246) 4 - 1 =

1247) 0 - 0 =

1248) 3 - 3 =

1249) 1 - 4 =

1250) 5 - 1 =

1251) 1 - 1 =

1252) 4 - 3 =

1253) 5 - 2 =

1254) 2 - 3 =

1255) 3 - 4 =

1256) 2 - 2 =

1257) 3 - 5 =

1258) 1 - 5 =

1259) 4 - 5 =

1260) 5 - 5 =

CAPÍTOL 5: RESTES DEL 0 AL 5

Nom: _____ Data: _____ Resultats: ____/30

1261) 0 - 1 =

1262) 3 - 2 =

1263) 2 - 5 =

1264) 4 - 2 =

1265) 5 - 1 =

1266) 5 - 5 =

1267) 4 - 1 =

1268) 1 - 5 =

1269) 2 - 2 =

1270) 3 - 1 =

1271) 3 - 4 =

1272) 2 - 3 =

1273) 0 - 2 =

1274) 1 - 2 =

1275) 5 - 2 =

1276) 1 - 4 =

1277) 5 - 3 =

1278) 1 - 1 =

1279) 4 - 4 =

1280) 0 - 4 =

1281) 0 - 3 =

1282) 3 - 3 =

1283) 2 - 1 =

1284) 1 - 3 =

1285) 2 - 0 =

1286) 4 - 5 =

1287) 2 - 4 =

1288) 0 - 5 =

1289) 3 - 5 =

1290) 5 - 4 =

CAPÍTOL 5: RESTES DEL 0 AL 5

Nom: _____ Data: _____ Resultats: ____/30

1291) 4 - 1 =

1292) 3 - 5 =

1293) 4 - 0 =

1294) 2 - 2 =

1295) 5 - 3 =

1296) 1 - 1 =

1297) 2 - 5 =

1298) 3 - 0 =

1299) 4 - 3 =

1300) 1 - 2 =

1301) 2 - 1 =

1302) 5 - 5 =

1303) 1 - 5 =

1304) 3 - 4 =

1305) 5 - 0 =

1306) 1 - 3 =

1307) 3 - 2 =

1308) 4 - 5 =

1309) 2 - 4 =

1310) 5 - 2 =

1311) 3 - 3 =

1312) 5 - 1 =

1313) 1 - 4 =

1314) 1 - 0 =

1315) 4 - 2 =

1316) 4 - 4 =

1317) 2 - 3 =

1318) 2 - 0 =

1319) 3 - 1 =

1320) 5 - 4 =

CAPÍTOL 5: RESTES DEL 0 AL 5

Nom: _____   Data: _____   Resultats: ___ /30

1321) 0 - 0 = ☐   1322) 5 - 1 = ☐   1323) 4 - 1 = ☐   1324) 3 - 3 = ☐   1325) 2 - 1 = ☐

1326) 1 - 1 = ☐   1327) 3 - 2 = ☐   1328) 2 - 5 = ☐   1329) 5 - 2 = ☐   1330) 4 - 2 = ☐

1331) 1 - 1 = ☐   1332) 4 - 4 = ☐   1333) 2 - 0 = ☐   1334) 1 - 5 = ☐   1335) 3 - 5 = ☐

1336) 4 - 5 = ☐   1337) 2 - 4 = ☐   1338) 1 - 3 = ☐   1339) 3 - 0 = ☐   1340) 5 - 5 = ☐

1341) 3 - 4 = ☐   1342) 1 - 4 = ☐   1343) 5 - 4 = ☐   1344) 2 - 3 = ☐   1345) 4 - 0 = ☐

1346) 5 - 0 = ☐   1347) 5 - 3 = ☐   1348) 4 - 3 = ☐   1349) 3 - 1 = ☐   1350) 2 - 2 = ☐

CAPÍTOL 5: RESTES DEL 0 AL 5

Nom: _____ Data: _____ Resultats: ____/30

1351) 0 - 5 = ☐
1352) 4 - 4 = ☐
1353) 5 - 3 = ☐
1354) 2 - 4 = ☐
1355) 3 - 3 = ☐

1356) 2 - 1 = ☐
1357) 1 - 5 = ☐
1358) 3 - 2 = ☐
1359) 2 - 0 = ☐
1360) 1 - 2 = ☐

1361) 0 - 4 = ☐
1362) 5 - 2 = ☐
1363) 3 - 4 = ☐
1364) 1 - 3 = ☐
1365) 4 - 2 = ☐

1366) 3 - 1 = ☐
1367) 2 - 2 = ☐
1368) 2 - 3 = ☐
1369) 5 - 4 = ☐
1370) 0 - 2 = ☐

1371) 5 - 1 = ☐
1372) 4 - 3 = ☐
1373) 1 - 4 = ☐
1374) 4 - 0 = ☐
1375) 2 - 5 = ☐

1376) 4 - 1 = ☐
1377) 5 - 5 = ☐
1378) 0 - 3 = ☐
1379) 3 - 5 = ☐
1380) 4 - 5 = ☐

CAPÍTOL 5: RESTES DEL 0 AL 5

Nom: _____ Data: _____ Resultats: ___/30

1381) 5 - 5

1382) 3 - 4

1383) 2 - 2

1384) 0 - 4

1385) 4 - 5

1386) 3 - 1

1387) 2 - 3

1388) 1 - 3

1389) 4 - 3

1390) 5 - 2

1391) 4 - 4

1392) 5 - 3

1393) 0 - 2

1394) 3 - 2

1395) 1 - 4

1396) 2 - 5

1397) 2 - 0

1398) 1 - 0

1399) 1 - 5

1400) 0 - 3

1401) 3 - 3

1402) 1 - 2

1403) 5 - 4

1404) 4 - 2

1405) 2 - 1

1406) 0 - 5

1407) 3 - 0

1408) 2 - 4

1409) 3 - 5

1410) 5 - 1

CAPÍTOL 6: RESTES DEL 0 AL 10

Aquí trobaràs exercicis de restes dels números del 0 al 10. De tal forma que el número menor serà -10 (0-10) i el major, 10 (10-0).

Recorda revisar les taules de restes.

Les piràmides i les matemàtiques:
Els antics egipcis feien servir matemàtiques avançades per a construir les piràmides. Les proporcions de les piràmides d'Egipte estan basades en conceptes com el teorema de Pitàgores i la Proporció àuria.

CAPÍTOL 6: RESTES DEL 0 AL 10

Nom: _____   Data: _____   Resultats: ____/30

1411) 10 - 2 =

1412) 8 - 6 =

1413) 6 - 5 =

1414) 7 - 7 =

1415) 9 - 5 =

1416) 8 - 4 =

1417) 7 - 2 =

1418) 10 - 7 =

1419) 9 - 2 =

1420) 10 - 3 =

1421) 10 - 1 =

1422) 6 - 2 =

1423) 7 - 5 =

1424) 10 - 8 =

1425) 7 - 1 =

1426) 9 - 6 =

1427) 10 - 5 =

1428) 9 - 3 =

1429) 8 - 8 =

1430) 6 - 3 =

1431) 10 - 6 =

1432) 7 - 5 =

1433) 5 - 10 =

1434) 5 - 7 =

1435) 8 - 5 =

1436) 8 - 9 =

1437) 10 - 9 =

1438) 6 - 4 =

1439) 10 - 4 =

1440) 9 - 8 =

CAPÍTOL 6: RESTES DEL 0 AL 10

Nom: _____   Data: _____   Resultats: ____/30

1441) 6 - 4 =
1442) 7 - 4 =
1443) 8 - 5 =
1444) 10 - 6 =
1445) 9 - 7 =

1446) 3 - 10 =
1447) 5 - 3 =
1448) 10 - 3 =
1449) 6 - 8 =
1450) 0 - 8 =

1451) 0 - 9 =
1452) 10 - 5 =
1453) 5 - 2 =
1454) 7 - 6 =
1455) 8 - 6 =

1456) 0 - 5 =
1457) 8 - 8 =
1458) 9 - 5 =
1459) 6 - 3 =
1460) 5 - 2 =

1461) 9 - 2 =
1462) 9 - 10 =
1463) 5 - 5 =
1464) 6 - 9 =
1465) 7 - 1 =

1466) 6 - 2 =
1467) 8 - 7 =
1468) 7 - 3 =
1469) 5 - 4 =
1470) 10 - 2 =

CAPÍTOL 6: RESTES DEL 0 AL 10

Nom: _____ Data: _____ Resultats: ____/30

1471) 9 - 7

1472) 7 - 5

1473) 6 - 10

1474) 8 - 4

1475) 1 - 4

1476) 3 - 8

1477) 9 - 3

1478) 10 - 10

1479) 4 - 2

1480) 10 - 3

1481) 8 - 3

1482) 10 - 4

1483) 8 - 10

1484) 9 - 5

1485) 5 - 3

1486) 6 - 3

1487) 9 - 0

1488) 5 - 9

1489) 7 - 7

1490) 8 - 6

1491) 5 - 4

1492) 7 - 2

1493) 1 - 9

1494) 7 - 9

1495) 4 - 5

1496) 9 - 2

1497) 8 - 5

1498) 6 - 8

1499) 10 - 8

1500) 5 - 7

CAPÍTOL 6: RESTES DEL 0 AL 10

Nom: _____ Data: _____ Resultats: ____/30

1501) 6 - 10 =
1502) 7 - 5 =
1503) 9 - 6 =
1504) 10 - 3 =
1505) 2 - 1 =

1506) 1 - 1 =
1507) 3 - 2 =
1508) 8 - 2 =
1509) 5 - 2 =
1510) 7 - 2 =

1511) 9 - 3 =
1512) 4 - 4 =
1513) 2 - 0 =
1514) 0 - 5 =
1515) 4 - 1 =

1516) 1 - 2 =
1517) 3 - 3 =
1518) 3 - 4 =
1519) 7 - 7 =
1520) 9 - 10 =

1521) 4 - 10 =
1522) 7 - 9 =
1523) 5 - 4 =
1524) 2 - 2 =
1525) 4 - 0 =

1526) 5 - 0 =
1527) 5 - 3 =
1528) 10 - 8 =
1529) 0 - 1 =
1530) 9 - 8 =

CAPÍTOL 6: RESTES DEL 0 AL 10

Nom: _____ Data: _____ Resultats: ___/30

1531) 10 - 5 =

1532) 6 - 8 =

1533) 4 - 2 =

1534) 9 - 2 =

1535) 6 - 2 =

1536) 8 - 6 =

1537) 5 - 9 =

1538) 2 - 10 =

1539) 7 - 9 =

1540) 10 - 7 =

1541) 9 - 6 =

1542) 7 - 4 =

1543) 0 - 4 =

1544) 1 - 5 =

1545) 4 - 7 =

1546) 1 - 7 =

1547) 10 - 8 =

1548) 7 - 0 =

1549) 3 - 10 =

1550) 8 - 2 =

1551) 7 - 2 =

1552) 9 - 7 =

1553) 4 - 9 =

1554) 5 - 2 =

1555) 9 - 4 =

1556) 8 - 9 =

1557) 6 - 1 =

1558) 10 - 3 =

1559) 6 - 4 =

1560) 7 - 5 =

CAPÍTOL 6: RESTES DEL 0 AL 10

Nom: _____   Data: _____   Resultats: ____/30

1561) 9 - 5 =

1562) 5 - 1 =

1563) 3 - 10 =

1564) 2 - 3 =

1565) 8 - 2 =

1566) 4 - 9 =

1567) 7 - 3 =

1568) 8 - 6 =

1569) 0 - 9 =

1570) 4 - 2 =

1571) 9 - 2 =

1572) 6 - 6 =

1573) 1 - 6 =

1574) 9 - 3 =

1575) 9 - 9 =

1576) 10 - 10 =

1577) 3 - 3 =

1578) 3 - 4 =

1579) 8 - 0 =

1580) 7 - 2 =

1581) 1 - 7 =

1582) 8 - 10 =

1583) 5 - 4 =

1584) 2 - 6 =

1585) 4 - 6 =

1586) 8 - 5 =

1587) 5 - 3 =

1588) 4 - 3 =

1589) 7 - 5 =

1590) 9 - 7 =

CAPÍTOL 6: RESTES DEL 0 AL 10

Nom: _____   Data: _____   Resultats: ____/30

1591) 6 - 9 =

1592) 9 - 7 =

1593) 5 - 6 =

1594) 2 - 5 =

1595) 4 - 6 =

1596) 3 - 5 =

1597) 8 - 5 =

1598) 7 - 8 =

1599) 10 - 4 =

1600) 1 - 6 =

1601) 4 - 10 =

1602) 7 - 3 =

1603) 10 - 2 =

1604) 6 - 4 =

1605) 9 - 5 =

1606) 1 - 2 =

1607) 10 - 7 =

1608) 8 - 3 =

1609) 8 - 0 =

1610) 3 - 8 =

1611) 6 - 7 =

1612) 8 - 2 =

1613) 2 - 7 =

1614) 5 - 5 =

1615) 5 - 2 =

1616) 5 - 9 =

1617) 1 - 9 =

1618) 6 - 2 =

1619) 9 - 2 =

1620) 4 - 8 =

CAPÍTOL 6: RESTES DEL 0 AL 10

Nom: _____   Data: _____   Resultats: ___/30

1621) 9 - 3 = ☐
1622) 8 - 5 = ☐
1623) 4 - 3 = ☐
1624) 7 - 4 = ☐
1625) 10 - 7 = ☐

1626) 7 - 2 = ☐
1627) 5 - 3 = ☐
1628) 4 - 2 = ☐
1629) 0 - 2 = ☐
1630) 8 - 8 = ☐

1631) 8 - 2 = ☐
1632) 9 - 5 = ☐
1633) 9 - 0 = ☐
1634) 8 - 7 = ☐
1635) 5 - 8 = ☐

1636) 10 - 5 = ☐
1637) 1 - 3 = ☐
1638) 3 - 4 = ☐
1639) 7 - 10 = ☐
1640) 6 - 7 = ☐

1641) 3 - 6 = ☐
1642) 4 - 8 = ☐
1643) 5 - 10 = ☐
1644) 5 - 5 = ☐
1645) 4 - 0 = ☐

1646) 6 - 9 = ☐
1647) 7 - 5 = ☐
1648) 8 - 3 = ☐
1649) 4 - 6 = ☐
1650) 10 - 2 = ☐

CAPÍTOL 6: RESTES DEL 0 AL 10

Nom: _____ Data: _____ Resultats: ____/30

1651) 10 - 4 = ☐

1652) 7 - 9 = ☐

1653) 2 - 7 = ☐

1654) 8 - 5 = ☐

1655) 4 - 10 = ☐

1656) 2 - 9 = ☐

1657) 3 - 5 = ☐

1658) 5 - 10 = ☐

1659) 3 - 2 = ☐

1660) 6 - 4 = ☐

1661) 2 - 10 = ☐

1662) 9 - 4 = ☐

1663) 6 - 0 = ☐

1664) 7 - 5 = ☐

1665) 4 - 8 = ☐

1666) 5 - 2 = ☐

1667) 8 - 10 = ☐

1668) 9 - 7 = ☐

1669) 5 - 7 = ☐

1670) 2 - 5 = ☐

1671) 8 - 7 = ☐

1672) 3 - 8 = ☐

1673) 4 - 9 = ☐

1674) 1 - 8 = ☐

1675) 10 - 8 = ☐

1676) 7 - 3 = ☐

1677) 10 - 5 = ☐

1678) 6 - 2 = ☐

1679) 3 - 10 = ☐

1680) 8 - 2 = ☐

CAPÍTOL 7: RESTES DEL 0 AL 20

Aquí trobaràs exercicis de restes dels números del 0 al 20. De tal forma que el número menor serà -20 (0-20) i el major, 20 (20-0).

Recorda repassar les taules de restes.

T'has preguntat alguna vegada...? per què fem servir el sistema decimal (de l'1 al 10) en lloc de qualsevol altre. Quants dits de les mans tens?

CAPÍTOL 7: RESTES DEL 0 AL 20

CÀLCUL MENTAL

10

10 - 0 = 10
10 - 1 = 9
10 - 2 = 8
10 - 3 = 7
10 - 4 = 6
10 - 5 = 5
10 - 6 = 4
10 - 7 = 3
10 - 8 = 2
10 - 9 = 1
10 - 10 = 0
10 - 11 = -1
10 - 12 = -2
10 - 13 = -3
10 - 14 = -4
10 - 15 = -5
10 - 16 = -6
10 - 17 = -7
10 - 18 = -8
10 - 19 = -9
10 - 20 = -10

11

11 - 0 = 11
11 - 1 = 10
11 - 2 = 9
11 - 3 = 8
11 - 4 = 7
11 - 5 = 6
11 - 6 = 5
11 - 7 = 4
11 - 8 = 3
11 - 9 = 2
11 - 10 = 1
11 - 11 = 0
11 - 12 = -1
11 - 13 = -2
11 - 14 = -3
11 - 15 = -4
11 - 16 = -5
11 - 17 = -6
11 - 18 = -7
11 - 19 = -8
11 - 20 = -9

CÀLCUL MENTAL

12

12 - 0 = 12
12 - 1 = 11
12 - 2 = 10
12 - 3 = 9
12 - 4 = 8
12 - 5 = 7
12 - 6 = 6
12 - 7 = 5
12 - 8 = 4
12 - 9 = 3
12 - 10 = 2
12 - 11 = 1
12 - 12 = 0
12 - 13 = - 1
12 - 14 = - 2
12 - 15 = - 3
12 - 16 = - 4
12 - 17 = - 5
12 - 18 = - 6
12 - 19 = - 7
12 - 20 = - 8

13

13 - 0 = 13
13 - 1 = 12
13 - 2 = 11
13 - 3 = 10
13 - 4 = 9
13 - 5 = 8
13 - 6 = 7
13 - 7 = 6
13 - 8 = 5
13 - 9 = 4
13 - 10 = 3
13 - 11 = 2
13 - 12 = 1
13 - 13 = 0
13 - 14 = - 1
13 - 15 = - 2
13 - 16 = - 3
13 - 17 = - 4
13 - 18 = - 5
13 - 19 = - 6
13 - 20 = - 7

14

14 - 0 = 14
14 - 1 = 13
14 - 2 = 12
14 - 3 = 11
14 - 4 = 10
14 - 5 = 9
14 - 6 = 8
14 - 7 = 7
14 - 8 = 6
14 - 9 = 5
14 - 10 = 4
14 - 11 = 3
14 - 12 = 2
14 - 13 = 1
14 - 14 = 0
14 - 15 = - 1
14 - 16 = - 2
14 - 17 = - 3
14 - 18 = - 4
14 - 19 = - 5
14 - 20 = - 6

CÀLCUL MENTAL

15

15 - 0 = 15
15 - 1 = 14
15 - 2 = 13
15 - 3 = 12
15 - 4 = 11
15 - 5 = 10
15 - 6 = 9
15 - 7 = 8
15 - 8 = 7
15 - 9 = 6
15 - 10 = 5
15 - 11 = 4
15 - 12 = 3
15 - 13 = 2
15 - 14 = 1
15 - 15 = 0
15 - 16 = - 1
15 - 17 = - 2
15 - 18 = - 3
15 - 19 = - 4
15 - 20 = - 5

16

16 - 0 = 16
16 - 1 = 15
16 - 2 = 14
16 - 3 = 13
16 - 4 = 12
16 - 5 = 11
16 - 6 = 10
16 - 7 = 9
16 - 8 = 8
16 - 9 = 7
16 - 10 = 6
16 - 11 = 5
16 - 12 = 4
16 - 13 = 3
16 - 14 = 2
16 - 15 = 1
16 - 16 = 0
16 - 17 = - 1
16 - 18 = - 2
16 - 19 = - 3
16 - 20 = - 4

17

17 - 0 = 17
17 - 1 = 16
17 - 2 = 15
17 - 3 = 14
17 - 4 = 13
17 - 5 = 12
17 - 6 = 11
17 - 7 = 10
17 - 8 = 9
17 - 9 = 8
17 - 10 = 7
17 - 11 = 6
17 - 12 = 5
17 - 13 = 4
17 - 14 = 3
17 - 15 = 2
17 - 16 = 1
17 - 17 = 0
17 - 18 = - 1
17 - 19 = - 2
17 - 20 = - 3

CÀLCUL MENTAL

18 **19** **20**

18	19	20
18 - 0 = 18	19 - 0 = 19	20 - 0 = 20
18 - 1 = 17	19 - 1 = 18	20 - 1 = 19
18 - 2 = 16	19 - 2 = 17	20 - 2 = 18
18 - 3 = 15	19 - 3 = 16	20 - 3 = 17
18 - 4 = 14	19 - 4 = 15	20 - 4 = 16
18 - 5 = 13	19 - 5 = 14	20 - 5 = 15
18 - 6 = 12	19 - 6 = 13	20 - 6 = 14
18 - 7 = 11	19 - 7 = 12	20 - 7 = 13
18 - 8 = 10	19 - 8 = 11	20 - 8 = 12
18 - 9 = 9	19 - 9 = 10	20 - 9 = 11
18 - 10 = 8	19 - 10 = 9	20 - 10 = 10
18 - 11 = 7	19 - 11 = 8	20 - 11 = 9
18 - 12 = 6	19 - 12 = 7	20 - 12 = 8
18 - 13 = 5	19 - 13 = 6	20 - 13 = 7
18 - 14 = 4	19 - 14 = 5	20 - 14 = 6
18 - 15 = 3	19 - 15 = 4	20 - 15 = 5
18 - 16 = 2	19 - 16 = 3	20 - 16 = 4
18 - 17 = 1	19 - 17 = 2	20 - 17 = 3
18 - 18 = 0	19 - 18 = 1	20 - 18 = 2
18 - 19 = - 1	19 - 19 = 0	20 - 19 = 1
18 - 20 = - 2	19 - 20 = - 1	20 - 20 = 0

CAPÍTOL 7: RESTES DEL 0 AL 20

Nom: _____   Data: _____   Resultats: ____/30

1681) 20 - 4 =

1682) 15 - 3 =

1683) 14 - 5 =

1684) 18 - 3 =

1685) 15 - 10 =

1686) 18 - 10 =

1687) 11 - 2 =

1688) 17 - 3 =

1689) 16 - 2 =

1690) 10 - 20 =

1691) 10 - 7 =

1692) 16 - 5 =

1693) 13 - 1 =

1694) 17 - 5 =

1695) 20 - 2 =

1696) 20 - 3 =

1697) 18 - 6 =

1698) 15 - 5 =

1699) 11 - 3 =

1700) 12 - 10 =

1701) 14 - 2 =

1702) 20 - 20 =

1703) 16 - 4 =

1704) 17 - 1 =

1705) 20 - 8 =

1706) 13 - 3 =

1707) 20 - 7 =

1708) 14 - 10 =

1709) 15 - 1 =

1710) 18 - 2 =

CAPÍTOL 7: RESTES DEL 0 AL 20

Nom: _____ Data: _____ Resultats: ___/30

1711) 12 − 10 =

1712) 17 − 3 =

1713) 16 − 14 =

1714) 20 − 5 =

1715) 19 − 15 =

1716) 18 − 15 =

1717) 19 − 17 =

1718) 16 − 3 =

1719) 10 − 18 =

1720) 17 − 12 =

1721) 20 − 11 =

1722) 20 − 16 =

1723) 13 − 6 =

1724) 9 − 15 =

1725) 11 − 3 =

1726) 12 − 8 =

1727) 9 − 6 =

1728) 10 − 20 =

1729) 13 − 3 =

1730) 16 − 15 =

1731) 10 − 14 =

1732) 17 − 20 =

1733) 19 − 12 =

1734) 12 − 4 =

1735) 20 − 8 =

1736) 20 − 12 =

1737) 16 − 12 =

1738) 18 − 17 =

1739) 15 − 15 =

1740) 18 − 12 =

CAPÍTOL 7: RESTES DEL 0 AL 20

Nom: _____ Data: _____ Resultats: ____/30

1741) 19 - 4

1742) 16 - 11

1743) 20 - 5

1744) 18 - 20

1745) 17 - 10

1746) 18 - 15

1747) 17 - 15

1748) 19 - 13

1749) 15 - 9

1750) 20 - 14

1751) 15 - 13

1752) 13 - 14

1753) 11 - 18

1754) 9 - 12

1755) 18 - 9

1756) 20 - 8

1757) 11 - 15

1758) 18 - 9

1759) 19 - 11

1760) 17 - 12

1761) 9 - 17

1762) 15 - 18

1763) 20 - 12

1764) 17 - 5

1765) 13 - 18

1766) 19 - 15

1767) 11 - 13

1768) 18 - 12

1769) 13 - 11

1770) 20 - 6

CAPÍTOL 7: RESTES DEL 0 AL 20

Nom: _____ Data: _____ Resultats: ____/30

1771) 19 - 20 =

1772) 16 - 13 =

1773) 10 - 17 =

1774) 15 - 18 =

1775) 18 - 16 =

1776) 11 - 10 =

1777) 18 - 13 =

1778) 14 - 17 =

1779) 19 - 12 =

1780) 20 - 15 =

1781) 10 - 19 =

1782) 20 - 17 =

1783) 15 - 13 =

1784) 12 - 18 =

1785) 18 - 20 =

1786) 14 - 12 =

1787) 9 - 16 =

1788) 19 - 15 =

1789) 8 - 13 =

1790) 16 - 19 =

1791) 20 - 12 =

1792) 18 - 11 =

1793) 12 - 14 =

1794) 11 - 19 =

1795) 10 - 13 =

1796) 10 - 15 =

1797) 16 - 15 =

1798) 14 - 18 =

1799) 15 - 11 =

1800) 19 - 11 =

CAPÍTOL 7: RESTES DEL 0 AL 20

Nom: _____ Data: _____ Resultats: ____/30

1801) 20 − 9 =

1802) 19 − 17 =

1803) 10 − 17 =

1804) 15 − 18 =

1805) 11 − 15 =

1806) 15 − 14 =

1807) 16 − 18 =

1808) 14 − 17 =

1809) 18 − 15 =

1810) 10 − 20 =

1811) 19 − 13 =

1812) 11 − 9 =

1813) 13 − 15 =

1814) 17 − 13 =

1815) 14 − 9 =

1816) 10 − 14 =

1817) 20 − 16 =

1818) 18 − 11 =

1819) 12 − 18 =

1820) 16 − 11 =

1821) 14 − 20 =

1822) 11 − 19 =

1823) 12 − 15 =

1824) 5 − 18 =

1825) 19 − 20 =

1826) 17 − 8 =

1827) 18 − 18 =

1828) 11 − 10 =

1829) 15 − 12 =

1830) 20 − 13 =

CAPÍTOL 7: RESTES DEL 0 AL 20

Nom: _____ Data: _____ Resultats: ____ /30

1831) 15 - 18 =

1832) 10 - 12 =

1833) 19 - 12 =

1834) 18 - 15 =

1835) 20 - 16 =

1836) 17 - 19 =

1837) 11 - 12 =

1838) 14 - 18 =

1839) 10 - 15 =

1840) 13 - 20 =

1841) 19 - 17 =

1842) 12 - 15 =

1843) 16 - 19 =

1844) 20 - 12 =

1845) 17 - 11 =

1846) 20 - 17 =

1847) 10 - 17 =

1848) 16 - 12 =

1849) 14 - 9 =

1850) 13 - 18 =

1851) 12 - 13 =

1852) 19 - 15 =

1853) 13 - 15 =

1854) 12 - 19 =

1855) 15 - 13 =

1856) 20 - 8 =

1857) 18 - 13 =

1858) 11 - 16 =

1859) 17 - 12 =

1860) 10 - 19 =

CAPÍTOL 7: RESTES DEL 0 AL 20

Nom: _____ Data: _____ Resultats: ____/30

1861) 18 - 15

1862) 13 - 19

1863) 20 - 16

1864) 14 - 9

1865) 10 - 16

1866) 14 - 16

1867) 17 - 19

1868) 15 - 20

1869) 12 - 18

1870) 19 - 20

1871) 19 - 17

1872) 12 - 9

1873) 10 - 19

1874) 13 - 15

1875) 20 - 13

1876) 10 - 13

1877) 14 - 11

1878) 11 - 14

1879) 17 - 11

1880) 18 - 12

1881) 20 - 11

1882) 19 - 15

1883) 13 - 8

1884) 16 - 19

1885) 12 - 20

1886) 15 - 9

1887) 17 - 15

1888) 14 - 19

1889) 19 - 12

1890) 15 - 18

CAPÍTOL 7: RESTES DEL 0 AL 20

Nom: _____   Data: _____   Resultats: ____/30

1891) 12 - 17

1892) 20 - 18

1893) 17 - 15

1894) 10 - 13

1895) 18 - 12

1896) 19 - 16

1897) 11 - 16

1898) 16 - 19

1899) 15 - 11

1900) 13 - 19

1901) 10 - 11

1902) 18 - 16

1903) 14 - 17

1904) 12 - 14

1905) 15 - 20

1906) 17 - 19

1907) 11 - 20

1908) 13 - 15

1909) 20 - 16

1910) 11 - 17

1911) 19 - 12

1912) 16 - 17

1913) 10 - 20

1914) 18 - 9

1915) 10 - 16

1916) 20 - 13

1917) 11 - 19

1918) 12 - 19

1919) 17 - 12

1920) 19 - 14

CAPÍTOL 7: RESTES DEL 0 AL 20

Nom: _____   Data: _____   Resultats: ___/30

1921) 19 - 15

1922) 15 - 18

1923) 20 - 14

1924) 10 - 20

1925) 13 - 19

1926) 17 - 15

1927) 13 - 20

1928) 18 - 6

1929) 9 - 13

1930) 19 - 11

1931) 9 - 17

1932) 19 - 5

1933) 13 - 17

1934) 10 - 11

1935) 20 - 13

1936) 20 - 11

1937) 15 - 17

1938) 19 - 13

1939) 15 - 12

1940) 17 - 12

1941) 15 - 17

1942) 0 - 16

1943) 17 - 11

1944) 16 - 7

1945) 19 - 8

1946) 13 - 15

1947) 10 - 14

1948) 19 - 18

1949) 17 - 19

1950) 20 - 17

CAPÍTOL 7: RESTES DEL 0 AL 20

Nom: _____ Data: _____ Resultats: ____/30

1951) 19 - 12 =

1952) 16 - 12 =

1953) 15 - 17 =

1954) 18 - 12 =

1955) 20 - 15 =

1956) 14 - 20 =

1957) 9 - 18 =

1958) 20 - 13 =

1959) 17 - 12 =

1960) 13 - 20 =

1961) 6 - 13 =

1962) 19 - 17 =

1963) 18 - 16 =

1964) 16 - 19 =

1965) 12 - 18 =

1966) 13 - 15 =

1967) 7 - 15 =

1968) 14 - 18 =

1969) 15 - 13 =

1970) 20 - 16 =

1971) 20 - 11 =

1972) 12 - 20 =

1973) 13 - 17 =

1974) 19 - 15 =

1975) 17 - 11 =

1976) 17 - 20 =

1977) 15 - 19 =

1978) 16 - 18 =

1979) 14 - 12 =

1980) 18 - 15 =

CAPÍTOL 8: RESTES "?" DEL 0 AL 20

Amb les restes ocultes hauràs de posar en pràctica tot el que has après. Troba el número ocult i escriu-lo dins del cercle perquè la resta resultant sigui correcta.

Exemple:

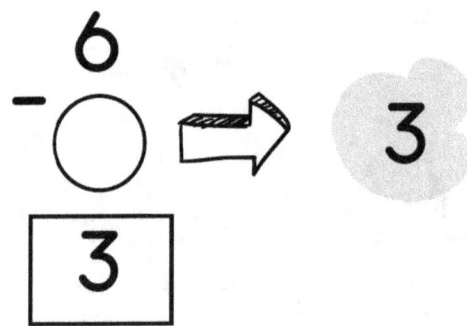

Endevina, endevinalla...
Compta les mans
o compta els peus
i de seguida sabràs
quin número és...

*Solución: el 2

CAPÍTOL 8: RESTES "?" 0 AL 20

Nom: _____ Data: _____ Resultats: ____/30

1981) 11 - ○ = 2
1982) 15 - ○ = 0
1983) 6 - ○ = 3
1984) 7 - ○ = 5
1985) 20 - ○ = 15

1986) 19 - ○ = 9
1987) 10 - ○ = 8
1988) 13 - ○ = 11
1989) 9 - ○ = 7
1990) 20 - ○ = 2

1991) 5 - ○ = 3
1992) 6 - ○ = 5
1993) 2 - ○ = 0
1994) 10 - ○ = 4
1995) 8 - ○ = 4

1996) 10 - ○ = 9
1997) 3 - ○ = 1
1998) 9 - ○ = 4
1999) 8 - ○ = 5
2000) 20 - ○ = 16

2001) 8 - ○ = 1
2002) 4 - ○ = 4
2003) 14 - ○ = 13
2004) 16 - ○ = 8
2005) 1 - ○ = 0

2006) 14 - ○ = 12
2007) 20 - ○ = 19
2008) 9 - ○ = 6
2009) 10 - ○ = 10
2010) 10 - ○ = 2

CAPÍTOL 8: RESTES "?" O AL 20

Nom: _____   Data: _____   Resultats: ____/30

2011) 11 - ◯ = 10

2012) 6 - ◯ = 4

2013) 10 - ◯ = 4

2014) 5 - ◯ = 2

2015) 20 - ◯ = 7

2016) 16 - ◯ = 14

2017) 4 - ◯ = 2

2018) 9 - ◯ = 4

2019) 3 - ◯ = 1

2020) 1 - ◯ = -9

2021) 10 - ◯ = 7

2022) 14 - ◯ = 4

2023) 0 - ◯ = -9

2024) 8 - ◯ = 2

2025) 7 - ◯ = 5

2026) 1 - ◯ = -19

2027) 7 - ◯ = 2

2028) 10 - ◯ = 0

2029) 20 - ◯ = 15

2030) 10 - ◯ = 9

2031) 15 - ◯ = 0

2032) 1 - ◯ = -10

2033) 20 - ◯ = 12

2034) 8 - ◯ = 1

2035) 8 - ◯ = 4

2036) 20 - ◯ = 4

2037) 10 - ◯ = 2

2038) 6 - ◯ = 5

2039) 12 - ◯ = 2

2040) 0 - ◯ = -13

CAPÍTOL 8: RESTES "?" 0 AL 20

Nom: _____ Data: _____ Resultats: ____/30

2041) 20 - ○ = 10

2042) 15 - ○ = 10

2043) 18 - ○ = 9

2044) 14 - ○ = 11

2045) 18 - ○ = 14

2046) 16 - ○ = 4

2047) 8 - ○ = 5

2048) 5 - ○ = 4

2049) 6 - ○ = -10

2050) 10 - ○ = 7

2051) 7 - ○ = 5

2052) 5 - ○ = 1

2053) 0 - ○ = -11

2054) 9 - ○ = 5

2055) 14 - ○ = -4

2056) 10 - ○ = 2

2057) 9 - ○ = 2

2058) 13 - ○ = 2

2059) 20 - ○ = 8

2060) 16 - ○ = 11

2061) 12 - ○ = -2

2062) 8 - ○ = 3

2063) 18 - ○ = 12

2064) 0 - ○ = -16

2065) 9 - ○ = 7

2066) 20 - ○ = 3

2067) 6 - ○ = 3

2068) 10 - ○ = 5

2069) 12 - ○ = 9

2070) 15 - ○ = 12

CAPÍTOL 8: RESTES "?" O AL 20

Nom: _____   Data: _____   Resultats: ____/30

2071) 5 - ◯ = 2

2072) 19 - ◯ = 12

2073) 13 - ◯ = 0

2074) 16 - ◯ = -2

2075) 10 - ◯ = 3

2076) 20 - ◯ = 7

2077) 0 - ◯ = -20

2078) 9 - ◯ = 8

2079) 8 - ◯ = 4

2080) 11 - ◯ = -5

2081) 18 - ◯ = 11

2082) 5 - ◯ = -10

2083) 13 - ◯ = -4

2084) 10 - ◯ = 9

2085) 18 - ◯ = 13

2086) 14 - ◯ = 7

2087) 9 - ◯ = 4

2088) 17 - ◯ = 11

2089) 13 - ◯ = 9

2090) 16 - ◯ = 8

2091) 10 - ◯ = 6

2092) 0 - ◯ = -13

2093) 18 - ◯ = 2

2094) 8 - ◯ = 1

2095) 5 - ◯ = -15

2096) 11 - ◯ = 5

2097) 16 - ◯ = 12

2098) 19 - ◯ = 16

2099) 20 - ◯ = 2

2100) 12 - ◯ = 9

CAPÍTOL 8: RESTES "?" 0 AL 20

Nom: _____ Data: _____ Resultats: ____/30

2101) 10 - ○ = -10
2102) 12 - ○ = 4
2103) 20 - ○ = 11
2104) 16 - ○ = 13
2105) 14 - ○ = 12

2106) 13 - ○ = -5
2107) 2 - ○ = -13
2108) 8 - ○ = -8
2109) 9 - ○ = 5
2110) 10 - ○ = 7

2111) 20 - ○ = 14
2112) 8 - ○ = -6
2113) 3 - ○ = 14
2114) 6 - ○ = 12
2115) 17 - ○ = 15

2116) 14 - ○ = 6
2117) 8 - ○ = 3
2118) 13 - ○ = 8
2119) 16 - ○ = 7
2120) 11 - ○ = 2

2121) 17 - ○ = 12
2122) 4 - ○ = -11
2123) 10 - ○ = -8
2124) 9 - ○ = -5
2125) 9 - ○ = -3

2126) 11 - ○ = -8
2127) 18 - ○ = 12
2128) 20 - ○ = 17
2129) 12 - ○ = -8
2130) 10 - ○ = 3

CAPÍTOL 8: RESTES "?" O AL 20

Nom: _____ Data: _____ Resultats: ____/30

2131) 11 - ○ = -5
2132) 15 - ○ = 13
2133) 20 - ○ = 11
2134) 19 - ○ = 17
2135) 17 - ○ = 11

2136) 14 - ○ = 8
2137) 3 - ○ = -7
2138) 9 - ○ = 3
2139) 8 - ○ = 6
2140) 20 - ○ = 4

2141) 18 - ○ = -2
2142) 4 - ○ = -6
2143) 5 - ○ = -10
2144) 11 - ○ = 5
2145) 16 - ○ = 2

2146) 20 - ○ = 11
2147) 7 - ○ = 1
2148) 17 - ○ = 8
2149) 2 - ○ = -12
2150) 10 - ○ = 3

2151) 16 - ○ = -4
2152) 10 - ○ = 0
2153) 11 - ○ = -8
2154) 3 - ○ = -18
2155) 0 - ○ = -14

2156) 15 - ○ = -2
2157) 19 - ○ = 12
2158) 14 - ○ = -5
2159) 12 - ○ = -7
2160) 18 - ○ = 5

CAPÍTOL 9: SUMES I RESTES DEL 0 AL 20

Per a posar en pràctica tot el que has après, trobaràs exercicis barrejats de sumes i restes, a més de nombre ocult de sumes i restes.

Un acudit...
– Què fa el número 0 quan parla amb el número 8?
– Li diu: "Et queda molt bé el cinturó nou!"

CAPÍTOL 9: SUMES I RESTES 0 AL 20

Nom: _____   Data: _____   Resultats: ___/30

2161) 10 + ○ = 22

2162) 9 - ○ = 5

2163) 18 + ○ = 24

2164) 12 - ○ = 6

2165) 12 + ○ = 15

2166) 16 + ○ = 19

2167) 3 + ○ = 16

2168) 2 - ○ = -12

2169) 4 + ○ = 18

2170) 20 - ○ = 30

2171) 13 + ○ = 21

2172) 12 - ○ = 9

2173) 1 + ○ = 19

2174) 7 + ○ = 15

2175) 10 - ○ = 6

2176) 20 - ○ = 10

2177) 3 + ○ = 20

2178) 9 - ○ = 4

2179) 18 - ○ = 12

2180) 16 + ○ = 20

2181) 15 + ○ = 19

2182) 20 - ○ = 15

2183) 14 + ○ = 28

2184) 6 - ○ = 4

2185) 5 + ○ = 12

2186) 11 + ○ = 23

2187) 15 - ○ = 12

2188) 9 + ○ = 18

2189) 19 - ○ = 11

2190) 8 + ○ = 17

CAPÍTOL 9: SUMES I RESTES 0 AL 20

Nom: _____ Data: _____ Resultats: ___/30

2191) 9 - 6 =

2192) 10 + 15 =

2193) 12 - 4 =

2194) 10 - 7 =

2195) 20 + 12 =

2196) 17 - 13 =

2197) 14 - 12 =

2198) 9 + 6 =

2199) 7 - 9 =

2200) 20 - 11 =

2201) 9 + 8 =

2202) 15 - 10 =

2203) 20 + 10 =

2204) 16 - 12 =

2205) 8 + 2 =

2206) 6 + 5 =

2207) 8 - 2 =

2208) 13 + 14 =

2209) 16 - 11 =

2210) 7 - 4 =

2211) 6 - 2 =

2212) 4 + 3 =

2213) 20 - 6 =

2214) 20 - 14 =

2215) 19 + 3 =

2216) 8 + 7 =

2217) 11 + 6 =

2218) 10 - 2 =

2219) 12 + 4 =

2220) 8 - 5 =

CAPÍTOL 9: SUMES I RESTES 0 AL 20

Nom: _____   Data: _____   Resultats: ____/30

2221) 9 + 7 =

2222) 19 - 11 =

2223) 15 + 4 =

2224) 8 - 3 =

2225) 4 + 3 =

2226) 6 - 2 =

2227) 19 + 12 =

2228) 2 + 7 =

2229) 11 - 6 =

2230) 16 - 13 =

2231) 20 + 13 =

2232) 14 - 9 =

2233) 18 - 6 =

2234) 11 + 5 =

2235) 10 - 5 =

2236) 11 + 17 =

2237) 14 + 16 =

2238) 10 - 7 =

2239) 8 + 5 =

2240) 5 - 3 =

2241) 18 - 4 =

2242) 8 + 8 =

2243) 12 - 10 =

2244) 13 + 14 =

2245) 9 + 0 =

2246) 6 + 4 =

2247) 20 - 14 =

2248) 18 + 11 =

2249) 7 - 5 =

2250) 12 + 8 =

CAPÍTOL 9: SUMES I RESTES 0 AL 20

Nom: _____   Data: _____   Resultats: ___/30

2251) 9 + 3

2252) 20 - 10

2253) 12 + 13

2254) 8 - 9

2255) 16 - 11

2256) 14 + 15

2257) 18 + 8

2258) 9 - 4

2259) 8 + 5

2260) 11 - 3

2261) 12 - 6

2262) 3 + 7

2263) 9 + 7

2264) 6 - 4

2265) 15 + 15

2266) 6 + 6

2267) 15 - 3

2268) 12 + 3

2269) 16 - 9

2270) 3 + 2

2271) 14 + 14

2272) 7 + 7

2273) 5 + 8

2274) 7 + 20

2275) 15 - 12

2276) 7 - 2

2277) 9 + 9

2278) 13 + 15

2279) 9 - 2

2280) 18 - 8

CAPÍTOL 9: SUMES I RESTES 0 AL 20

Nom: _____ Data: _____ Resultats: ____/30

2281) 15 - 11 =

2282) 20 + 14 =

2283) 20 - 8 =

2284) 9 + 3 =

2285) 4 - 6 =

2286) 13 + 14 =

2287) 5 - 2 =

2288) 7 + 9 =

2289) 10 + 6 =

2290) 7 - 3 =

2291) 20 - 6 =

2292) 8 + 5 =

2293) 18 - 11 =

2294) 3 + 4 =

2295) 9 - 2 =

2296) 12 + 4 =

2297) 15 - 9 =

2298) 11 + 19 =

2299) 12 - 6 =

2300) 7 + 14 =

2301) 20 + 12 =

2302) 16 + 13 =

2303) 13 - 5 =

2304) 12 + 17 =

2305) 19 - 12 =

2306) 8 + 12 =

2307) 5 + 9 =

2308) 13 + 9 =

2309) 9 + 9 =

2310) 15 + 6 =

CAPÍTOL 9: SUMES I RESTES 0 AL 20

Nom: _____ Data: _____ Resultats: ____/30

2311) 8 - 6 =

2312) 12 + 15 =

2313) 9 - 2 =

2314) 17 + 13 =

2315) 17 - 13 =

2316) 15 + 14 =

2317) 5 + 9 =

2318) 7 - 3 =

2319) 15 + 6 =

2320) 2 + 9 =

2321) 13 - 7 =

2322) 5 + 14 =

2323) 11 - 20 =

2324) 9 + 12 =

2325) 20 - 6 =

2326) 20 + 8 =

2327) 12 - 7 =

2328) 19 - 12 =

2329) 20 + 14 =

2330) 7 + 13 =

2331) 15 - 10 =

2332) 9 + 9 =

2333) 11 + 4 =

2334) 10 - 20 =

2335) 20 - 11 =

2336) 18 - 13 =

2337) 16 + 11 =

2338) 14 - 9 =

2339) 12 + 16 =

2340) 2 + 17 =

CAPÍTOL 9: SUMES I RESTES 0 AL 20

Nom: _____ Data: _____ Resultats: ____/30

2341) 16 - ○ = 9
2342) 12 - ○ = 4
2343) 11 + ○ = 20
2344) 14 - ○ = 12
2345) 20 - ○ = 8

2346) 16 - ○ = -4
2347) 3 - ○ = -10
2348) 9 + ○ = 22
2349) 8 + ○ = 19
2350) 20 - ○ = 11

2351) 11 - ○ = 6
2352) 7 + ○ = 15
2353) 5 - ○ = 2
2354) 9 - ○ = 3
2355) 14 - ○ = 8

2356) 20 - ○ = 11
2357) 9 + ○ = 15
2358) 13 + ○ = 33
2359) 11 - ○ = 20
2360) 19 - ○ = 26

2361) 16 - ○ = 11
2362) 12 + ○ = 25
2363) 20 - ○ = 13
2364) 13 + ○ = 26
2365) 19 + ○ = 27

2366) 20 - ○ = 14
2367) 17 - ○ = 12
2368) 12 + ○ = 19
2369) 13 + ○ = 22
2370) 10 - ○ = 2

CAPÍTOL 9: SUMES i RESTES 0 AL 20

Nom: _____ Data: _____ Resultats: ___/30

2371) 10 - ◯ = 2

2372) 15 - ◯ = 11

2373) 18 - ◯ = 10

2374) 14 - ◯ = 7

2375) 12 - ◯ = 3

2376) 16 - ◯ = 8

2377) 3 + ◯ = 16

2378) 9 + ◯ = 20

2379) 8 - ◯ = 3

2380) 20 + ◯ = 32

2381) 13 + ◯ = 26

2382) 8 + ◯ = 14

2383) 13 + ◯ = 19

2384) 7 + ◯ = 14

2385) 11 + ◯ = 20

2386) 20 + ◯ = 40

2387) 9 + ◯ = 15

2388) 13 - ◯ = 5

2389) 12 + ◯ = 24

2390) 16 + ◯ = 32

2391) 12 + ◯ = 24

2392) 4 + ◯ = 18

2393) 14 - ◯ = 11

2394) 8 + ◯ = 13

2395) 9 + ◯ = 15

2396) 14 + ◯ = 27

2397) 18 - ◯ = 8

2398) 12 + ◯ = 19

2399) 19 ◯ = 15

2400) 10 - ◯ = -10